地采暖用实木地板

张　凯　黄安民　主编

中国建材工业出版社

图书在版编目（CIP）数据

地采暖用实木地板/张凯，黄安民主编 . -- 北京：
中国建材工业出版社，2019.2
ISBN 978-7-5160-2146-0

Ⅰ. ①地… Ⅱ. ①张… ②黄… Ⅲ. ①辐射采暖—实
木地板—研究 Ⅳ. ①TU531.1

中国版本图书馆 CIP 数据核字（2018）第 014564 号

地采暖用实木地板

张　凯　黄安民　主编

出版发行：中国建材工业出版社
地　　址：北京市海淀区三里河路 1 号
邮　　编：100044
经　　销：全国各地新华书店
印　　刷：北京天恒嘉业印刷有限公司
开　　本：710mm×1000mm　1/16
印　　张：11
字　　数：190 千字
版　　次：2019 年 2 月第 1 版
印　　次：2019 年 2 月第 1 次
定　　价：118.00 元

本社网址：www. jccbs. com，微信公众号：zgjcgycbs
请选用正版图书，采购、销售盗版图书属违法行为

编 委 会

主 编 单 位：久盛地板有限公司

中国林业科学研究院木材工业研究所

副主编单位：国家人造板与木竹制品质量监督检验中心

中国林产工业协会绿色家居产业分会

浙江省林业科学研究院

参 编 单 位：中国绿色碳汇基金会

国家林业局林产品质量和标准化研究中心

吉林省林业科学研究院

国家林业局林产品质量检验检测中心（杭州）

北京林业大学

南京林业大学

东北林业大学

中南林业科技大学

安徽农业大学

山东省产品质量检验研究院

国家林业局林产品质量检验检测中心（武汉）

序　一

　　木材是大自然神奇的杰作。中国人对"木文化"有着独特的情节，从古代开始，木材便进入了人们的生活，它也彰显了中国人"道法自然、天人合一"的理念。从古至今，人们赋予了木以深厚的精神内涵。特别是人们的"盛木为怀"情节，让实木地板深受青睐，潜移默化地影响着人们的生活。随着收入水平的提高和人们对健康家居环境的重视，品位高雅、健康环保、大方美观的地采暖用实木地板越来越受到中高端消费者的青睐。

　　久盛地板有限公司是集研发、制造、销售于一体的全球专业的木地板供应商和服务商，在国内外 1000 多个城市拥有 1800 多家专卖店。近年来，久盛地板有限公司贯彻创新发展理念，坚持把创新作为推动企业发展的核心动力，推出三元反锁扣等多项国家发明专利，大幅提升了地采暖用实木地板的质量稳定性，同时克服了实木地板容易离缝、翘曲、变形等问题，使地板变得更舒适、更温馨。久盛地板有限公司是国家标准和国际标准《实木地板》、国家标准《地采暖用实木地板技术要求》等重要标准的起草单位，先后被评为国家火炬计划重点高新技术企业、国家林业标准化示范企业、国家林业重点龙头企业等称号，获得了浙江省质量奖，并参加了国家"863"计划项目、国家"十二五"科技支撑计划项目与"十三五"重点研发计划项目等国家级重大课题。

　　近年来，久盛地板有限公司和中国林科院木材工业研究所、东北林业大学等科研单位合作，结合企业多年的实际生产经验，完成了《地采暖用实木地板》一书。本书理论和实践相结合，系统地总结了地采暖用实木地板常用树种、生产工艺、关键技术、相关标准以及铺装、选购、常见误区与实际案例等内容，结构合理，内容丰富，信息量大，便于企业生产、技术、管理人员以及消费者学习参考，对推动地采暖用实木地板行业健康发展具有重大意义。

中国工程院院士

2018 年 12 月

序　二

　　中国人自古以来就喜欢木材，几千年来始终对她情有独钟。在古人看来，木是生命之源，发自春天，成于自然。人们对木材情有独钟因为木材具有古朴的自然美、良好的物理性能、化学性能以及优异的加工性能和使用性能，也源于一份深厚的文化情结。木材被广泛应用于建筑、家具和生活的方方面面，与人们的生活息息相关。木地板作为提高生活品质的重要的林产品，经过二十多年的发展，我国已经形成包括实木地板、强化木地板（学名：浸渍纸层压木质地板）、实木复合地板、竹地板、软木地板五大品类，从生产、销售、安装到售后服务等成套的、完善的产业体系。其中，地采暖用实木地板作为高端铺地材料，近几年发展十分迅速，市场前景非常广阔！

　　久盛地板有限公司作为木地板的领军企业之一，先后被评为国家高新技术企业、中国优秀诚信企业、国家林业重点龙头企业、国家林业标准化示范企业、国家知识产权优势企业等。久盛地板始终把"健康，是生活的最终标准"作为品牌核心理念，把木文化、美学、风格融为一体，矢志为消费者提供"健康、绿色、舒适、品位"的实木地板及地采暖用实木地板产品。

　　目前，国内外关于地采暖用实木地板的书籍和参考资料较少，久盛地板和中国林科院等单位合作的《地采暖用实木地板》一书的出版非常及时，该书对地采暖用实木地板目前的发展现状、树种选择、生产工艺、铺装与使用等内容进行了系统阐述，为地采暖用实木地板的从业者提供了非常好的参考材料，必将极大地促进地板行业的快速发展。

中国林产工业协会法人代表、副会长兼秘书长　

2018 年 12 月

序　三

　　近年来，地采暖在欧洲、美国、日韩等一些发达国家获得了广泛应用，极大地提高了居家的生活品质。随着我国经济和社会的发展，越来越多的家庭开始选择地采暖用实木地板。地采暖用实木地板是目前最为高端的地面铺装材料，健康环保、高贵典雅、舒适美观，同时和中国人的木文化情结十分吻合。

　　目前，很多地板企业相继推出了不同结构、不同树种、不同规格的地采暖用实木地板，地采暖用实木地板有很多优点，然而实木作为地采暖用材也客观存在着一些难题，主要是木材会随着周围环境温度、湿度的变化而产生干缩和湿胀，从而造成变形、开裂和翘曲。针对地采暖实木地板生产和使用中存在的问题，中国实木地暖地板领导品牌——久盛地板有限公司联合中国林业科学研究院木材工业研究所等科研单位、质检机构、协会，共同编写了这本《地采暖用实木地板》。

　　本书作者在中国林科院、久盛地板有限公司等单位进行了大量的实验、测试，在久盛实木地暖地板生产车间和专卖店进行了大量调研，查阅了大量学术资料，对生产和市场存在的问题进行了认真梳理，专业又通俗地介绍了实木地暖地板常用树种、木材的基本特性、生产工艺、特殊处理技术、主要设备、质量要求与检测方法、选购与服务、铺装与使用常见误区与案例分析。

　　本书的出版，必将对地采暖用实木地板和中国木地板行业的发展产生深远影响。我们愿与行业专家、老师、协会、兄弟企业一起，以消费者为出发点，共同推动实木地暖地板品类的发展，不忘初心，续写辉煌！

久盛地板董事局主席

2018 年 12 月

久盛控股集团董事局主席　张恩玖

全国木材标准化技术委员会主任委员、中国林科院原院长江泽慧教授来久盛视察

中国林业产业联合会秘书长王满、中国工程院张齐生院士、张金根书记等领导专家来久盛指导工作

中国林科院木材工业研究所原所长叶克林研究员来久盛指导工作

国家"十二五"科技支撑计划项目课题启动会合影

久盛控股集团和北美硬木板材协会战略合作新闻发布会

久盛实木地暖地板品牌新战略发布会

久盛实木地暖地板质保 25 年发布会

久盛地板工业园实木地暖地板基地

久盛实木地暖地板工业园典礼

久盛地板建立博士后工作站

久盛地板院士专家工作站成立

久盛地板专利墙

久盛地板研发人员

实木地暖地板生产车间

实木地暖地板四面刨作业区

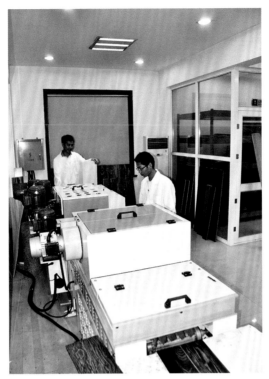

久盛地板油漆涂装试验

美国之旅——可持续发展考察团

久盛地板助力浙江亿株珍贵树木公益活动

象征自然与人类的"木、山、水"实木地暖地板展

前　言

　　新时代我国社会的主要矛盾已经转化为人民日益增长的美好生活需要和不平衡不充分的发展之间的矛盾。新时代催生新使命，新矛盾提出新要求。在新时代条件下，人们对家居环境提出了新的要求。地采暖用实木地板（也称"实木地暖地板"）以其品位高雅、健康舒适、装饰性强、文化浓郁、节能环保、节约空间等优点，成为越来越多中高端家庭装饰装修的首选。

　　一般观点认为，实木地板不适合采用地采暖方式，但随着技术的进步，科研院所、高等院校、主流企业等通过树种选择、结构设计、技术提升、工艺优化等系统方法，结合锁扣连接、铺装技术改进，以及使用环境的控制，使得实木地板可以用于地采暖环境，为消费者提供了新的选择，为生活更美好提供高品质的健康环保产品。《地采暖用实木地板》一书是在现有国内相关材料和研究成果的基础上，结合主流企业的生产实践经验，对地采暖用实木地板的发展现状、树种选择、生产工艺、主要技术、质量与标准、重点设备、选购与服务、铺装与使用、常见误区与案例等进行了系统阐述，理论联系实际，为地采暖用实木地板的关注者提供一个参考，亦可供地板行业的技术人员、生产企业管理者以及销售人员学习参考。

　　在本书的编写过程中参考引用了一些之前出版的书籍和论文以及国家标准、行业标准，在此，谨向相关作者表示敬意和衷心的感谢！

　　由于编者水平有限，疏漏和不足之处在所难免，敬请广大读者批评指正！

本书编委会

2018 年 12 月

目　录

1 地采暖用实木地板发展概况

1.1 地暖技术发展概况

地面辐射采暖（地暖）是以室内房间的地面为散热面，通过在地面下预埋热水管或发热电缆、电热膜等材料均匀加热整个地面，由下至上，从而向房间提供热量的一种取暖方式。地暖是一种既古老又崭新的技术，中国人发明的火炕，至今仍在使用，这可以看作是地暖的雏形。在最近的 20 年里，地暖获得了广泛的运用。法国约有 20％的住宅建筑铺设地暖，在德国、奥地利、瑞士、丹麦有 30％～50％的新建居住建筑用地暖，在韩国约有 90％的新建居住建筑用地暖。在欧洲，地暖不仅被用于普通住宅，在商业和工业建筑中也被广泛使用。

近年来，地暖在我国大量使用，不仅北京、辽宁、吉林等北方地区逐渐采用地暖，而且上海、江苏、浙江等南方省市的高档住宅为了改善居室"夏潮冬冷"的环境也采用地暖。随着人们生活水平和环保意识的提高，越来越多的家庭选择节能、环保且健康的地暖，地暖在我国发展空间巨大，市场前景广阔。

目前，地暖主要有低温热水地面辐射采暖和电热地面辐射采暖两种方式，我国约 90％的地暖采用水热为介质的循环系统，约 10％的地暖采用电热采暖系统。

1. 低温热水地面辐射采暖

低温热水地面辐射采暖简称水地暖，是以温度不高于 60℃的热水为热媒，在埋置于地面以下填充层中的加热管内循环流动，加热整个地板，通过地面以辐射和对流的方式向室内供热的一种供暖方式。低温热水地面采暖系统主要由以下几部分组成：（1）热源，作用是加热水温；（2）加热盘管及分集水器等附件；（3）低温热水地面供暖系统的温度控制装置；（4）地面构造层，是低温热水地面采暖系统散热的末端。和传统的采暖方式相比，低温热水地面辐射采暖在节约能耗、室内温度分布、室内美观等多个方面都具有优势。

2. 电热地面辐射采暖

电热地面辐射采暖是以清洁环保的电力为热源，将特制的发热体铺设于室内地面的构造层内，通电后将工作温度控制在 40～60℃ 条件下，将电能转化为热能，通过地面辐射散热使室内达到舒适的温度。每个房间配有单独的温控器控制，用户可根据需要手动或自动进行温度调节，使温度在用户的精确控制之中，大大解决了传统采暖系统温度不易控制的弊端，而且节能和环保。

市场上常见的电热地面辐射采暖方式大致可分为以下几种：发热电缆地面辐射采暖、电热膜或电热板辐射地面采暖及远红外碳晶地面辐射采暖。

（1）发热电缆地面辐射采暖。将外表面允许工作温度上限为 65℃ 的发热电缆埋设在地板中，以发热电缆为热源加热地板，以温控器控制室温或底板温度，实现地面辐射供暖的供暖方式。发热电缆低温辐射采暖系统具有舒适健康、安全可靠、清洁环保、节能经济等优点。

（2）电热膜地面辐射采暖。此项采暖是以电热膜为加热体，配以独立的恒温控制器。电热膜采用可导电的油墨印制在柔软的聚酯薄膜上形成电阻式电热片，可安装在顶棚上、墙壁上、地板下的绝缘层和装饰板之间。目前市场上销售的电热膜主要由以下四种类型，印刷油墨型、超薄金属片型、碳纤维型和导电高分子材料型。电热膜地面辐射采暖通常由三部分组成，入户电源、系统控制、地面散热末端。

（3）远红外碳晶地面辐射采暖。此项采暖是以电为能源，以电热板（其发热材料是由碳晶石墨等原料通过物理和化学方法加工成的发热产品）为发热体，工作时碳晶通过"布朗"运动，摩擦发热并产生远红外线辐射传热。这种加热方式具有温度控制方便、节能、无污染等特点。

1.2　地采暖用实木地板发展现状与趋势

地采暖用实木地板（也称"实木地暖地板"）是指铺设在地面供暖系统上由木材直接加工的实木地板，是实木地板的一种。地采暖用实木地板按连接方式分锁扣地采暖用实木地板、榫接地采暖用实木地板、连接件地采暖用实木地板；按形状分平面地采暖用实木地板、仿古地采暖用实木地板；按表面涂饰方式分漆饰地采暖用实木地板、油饰地采暖用实木地板。

1.2.1　发展现状

地采暖用实木地板在我国起步较晚。一般观点认为，实木地板不适合采用地采暖方式，但随着技术的进步，一些科研院所、高等院校、主流企业等通过树高温热处理、乙酰化、水分封闭技术、表面密实化等一种或几种技术方式，结合锁扣连接、铺装技术改进，以及使用环境的控制，使得实木地板可以用于地暖环境，为高端消费者提供了一种新的选择。随着地暖普及以及健康家居意识的提高，地采暖用实木地板以其品味高雅、美观漂亮、绿色环保、舒适健康等优势，成为现代越来越多中高端消费者的首选。

据中国林产工业协会地板专业委员会发布，据不完全统计，2017 年地采暖用实木地板产销量超过 600 万平方米。实木地板总体增量的一大部分是由地采暖用实木地板贡献的，目前市场上许多实木地板品牌都已经推出或正在准备推出地采暖用实木地板产品。地采暖用实木地板正在成为新的市场热点。

地采暖用实木地板有很多优点，也受到越来越多人的喜欢。但是，木材是一种天然生物高分子材料，用木材直接加工成的实木地板同样具有天然木材的生物学和材料学特性。为了使实木地板在地暖环境中有更好的使用效果，带给消费者更好的消费体验，实木地板用在地暖环境时，一定要更谨慎、更小心，具体来说，要注意以下几点：

1. 选用尺寸稳定性更好的树种

木材的干缩湿胀是其自然属性，这种特性能起到调节室内湿度的作用，它通过释放自身的水分及吸收多余的水分来缓和室内湿度环境，但也会引起实木地板的干缩或湿胀，导致尺寸的不稳定，进而引起地板变形、翘曲及开裂等。地采暖用实木地板直接铺设于热源上，地板与热源距离很小，在加热过程中，地板温度变化很大，加剧了干缩湿胀，因此地采暖用实木地板对尺寸稳定性要求更高。例如：柚木、印茄木、亚花梨、圆盘豆以及番龙眼等。

2. 采取科学的生产工艺

地采暖用实木地板在生产过程中，必须采取科学合理的生产工艺。例如：对地板加工成径切板还是弦切板的问题，径切板、弦切板尺寸稳定性存在较大差异，弦切板的干缩率基本为径切板的 2 倍；对地板坯料进行尺寸稳定性处理，干燥过程中选择合理的干燥基准，干燥后进行平衡和养生处理，保证同一块地板内以及同一批地板含水率的均匀性，且地板含水率要满足使用地含水率的要求；对地板六面都做好防潮处理。

3. 选择正确的铺装方式和铺装环境

通常采用悬浮铺装法，采用锁扣连接或者隐形扣，考虑到地板尺寸的收缩和膨胀，做好应对措施，保证足够的预留伸缩缝。

4. 采用正确的保养方法

保持室内合适的温湿度，湿度过大时要及时除湿，过于干燥时要及时加湿；做到重物不放两边，防止地板变形；防止阳光长期暴晒；使用地暖系统时，应缓慢升降温，防止地板开裂变形。

1.2.2 特点

随着收入水平的提高和人们对健康家居环境的重视，地采暖用实木地板越来越受到中高端消费者的青睐，也成为新时代追求美好生活的重要选择。其优点如下：

1. 品位高雅

地采暖用实木地板用木材通常来源于生长几十年、几百年的硬阔叶树，是神奇大自然的馈赠。许多硬阔叶材纹理美观、结构致密，质地温润柔和，表面有光泽，有的还散发出淡淡的幽香，给人以高贵、典雅的感觉！

2. 健康环保

地采暖用实木地板是用天然珍贵硬阔叶材的实体木材直接加工而成的装饰材料，具有健康、环保的优点。第一，不需要用胶粘剂，不存在甲醛释放问题。第二，一般来说，大部分硬阔叶木材释放的挥发物中含有很多有益成分，尤其是各种萜烯类化合物，大多具有良好的生理活性以及芳香疗法作用，如能够抗菌、消炎、祛痰和镇咳等，以及解除心理上的紧张与疲劳，令人感觉自然、轻松、舒适和愉快。

3. 装饰性强

木材本身具有非常好的视觉特性和触觉特性，具有天然美丽的花纹、色调柔和。木纹是天然生成的图案，是由一些大体平行、基本不交叉的图案构成，给人以流畅、井然、轻松以及自如的感觉；同时，木纹图案由于受生长量、年代、气候及立地条件等因素的影响，在不同部位有不同的变化，这种周期中又有变化的图案，给人以多变、起伏、运动以及生命的感觉。可以说统一中有变化，变化中有统一，经久不衰，百看不厌。

4. 文化情结

中国人对"木文化"有着独特的情节，从古代开始木便进入了人们的生活，它彰显了儒家"道法自然、天人合一"的理念。在古人看来，木是生命之源，发自春天，发于自然。从古至今，人们赋予了木以深厚精神内涵。那粗壮的树干吸收天地精华孕育而成，阴阳协调，直上云霄，彰显了天健地顺之精神。特别是人们的"盛木为怀"的情节，让实木地板进入百姓家，潜移默化地影响着人们的日常生活。在快节奏的今天，人们迫切想要拥有自然沉稳的原木生活，从原木之中触碰生活的本真模样。在自然中感受时间的流逝，体悟生活之道。

5. 温度均匀

地面辐射供暖是最舒适的供暖方式，室内地表温度均匀，室温由下而上逐渐递减，给人以"脚暖头凉"的良好感觉；不易造成空气对流，室内空气洁净；改善血液循环，促进新陈代谢。

6. 高效节能

辐射供暖方式较对流供暖方式热效率高，热量集中在人体受益的高度内；传送过程中热量损失小；地面供暖地面层及混凝土层蓄热量大，热稳定性好，在间歇供暖的条件下，室内温度变化缓慢；低温地面辐射供暖可实行分户分室控制，用户可根据情况进行调控，有效节约能源。

7. 节约空间

高房价时代，节约空间更具有现实意义。采用地暖，室内取消了暖气片或暖气管，不仅增加了房屋的使用面积，而且便于装修和家居布置。另外，由于地暖在地面内增加的保温层，上面再铺上实木地板，提高了楼板的隔声效果，具有更好的居家体验。

1.2.3 发展趋势

随着人们对地采暖用实木地板认识的进一步加深以及地暖技术的逐渐成熟，地采暖用实木地板天然美观、高贵典雅，得到越来越多消费者的喜爱，消费人群日益增多。近几年来，我国地采暖用实木地板将向以下几个方面发展：

1. 技术工艺不断创新与完善

由于地采暖用实木地板对产品质量要求较高，生产企业将加大新工艺和新产品的开发力度。研发力度的加大、科学技术的进步都将促进新技术工艺不断创新与完善，从而为市场提供质量更好的优质产品。更多企业将拥有自己的研发中心，不断加大投入力度，进行技术和工艺创新，将产品设计与我国传统文化进行对接、与目标客户进行对接。根据目标市场进行适宜的外观设计，从树种选用、纹理色彩以及工艺技术等各方面为产品占领市场提供新动力。

2. 多种方法解决资源紧缺问题

随着常用珍贵优质阔叶材资源的日趋减少，地采暖用实木地板的资源紧缺将围绕以下几方面进行：一是新树种开发利用。针对资源不足问题，开发新的木材树种资源，采用混合尺寸搭配，满足消费者的需求；二是速生材的科学利用。通过科学技术手段将材质稍差的木材改良后应用于地采暖用实木地板加工中，如强度增强技术、硬度增大技术、尺寸稳定性提高技术以及染色美化技术等。三是目前市场上的地采暖用实木地板规格较大，厚度单一。通常，企业对同一个客户供应的地板规格是一致的。这样，木材的地板出板率较低，木材浪费较大。预计未来地采暖用实木地板的规格将向多样化发展，厚度也会变薄。对于同一客户，将会有不同长度、不同宽度的地板混搭使用，木材的利用率会更高。另外，在不影响使用的情况下，消费者将会理性的接受带有自然缺陷的地采暖用实木地板。

3. 产品质量进一步提升

随着消费者对地板质量要求越来越高，以及政府有关部门对地板质量的高度重视和规模企业市场份额的提升，地采暖用实木地板的加工质量、铺装质量和服务质量将进一步提高，表面装饰性、耐磨性和功能性能进一步提高，静音、阻燃、抗静电等多功能地板将越来越多，消费者的体验将进一步得到提升。

4. 更加重视铺装质量和服务质量

地采暖用实木地板是高品位的消费品，今后地板企业在做好产品质量的同时，需要同时关注踢脚线、龙骨用材料、地垫、扣条以及安装中的胶粘剂等原辅材料产品的质量，这些材料也需要达到或者超过相关标准的要求；铺装质量是地板使用满意的关键环节。铺装管理及效果直接影响产品的品质和品牌，今后将对铺装工程辅助材料选择、施工条件、防水设计、防潮隔离层以及木龙骨垫层等综合铺装质量更加重视；服务质量是地板企业赢得市场竞争的重要手段。随着市场竞争的加剧，消费者需求的不断拓展，服务质量将在地板企业市场竞争中成为更加重要的砝码。地采暖用实木地板的售前服务、售中服务和售后服务将更为重要，服务方式和服务内容更加具体、更加规范，服务效率更加高效。品牌企业将建立训练有素、了解标准、懂得产品和通晓服务流程的专业服务队伍，将重视产品质量、铺装质量和服务质量为主的系统质量体系建设。

5. 品牌企业优势更加明显

品牌企业专业化程度高，有先进的经营理念，拥有原料基地和先进的加工设备，而且重视研发，因此，优势将越来越明显。品牌企业将进一步提高市场占有率，技术创新能力、综合质量水平以及品牌美誉度将成为市场竞争的关键砝码。地采暖用实木地板企业只有不断围绕市场进行产品、技术、资源和机制创新，才能做优做强并稳步发展。总体判断，20％的知名品牌将占领80％的市场份额。

6. 资本市场越来越重要

未来几年，通过资本市场杠杆引导兼并重组，建立规范的法人治理结构，提高产业集中度，培育一批拥有国际知名品牌和核心竞争力的大中型地板企业，将成为我国地采暖用实木地板的发展趋势。抓住黄金发展机会，利用好资本市场，有效整合全球资源，引导上下游企业专业化分工协作，将有一批企业步入发展的快车道。

2 地采暖用实木地板木材基本特性

木材是由树木生长而形成的高分子生物材料，具有独特的美感以及优越的材料特性。木材作为室内环境的主要材料，人们习惯于用它来装饰室内环境、制作室内用具，来提高居住环境的舒适性。在崇尚自然、注重环保的今天，木材已经成为大多数人室内装饰材料的首选。

随着科学技术和材料加工工业的发展，木材作为一种环保健康，且与人最具亲和力的材料，得到广泛的应用。这与木材自身的结构和化学组成等特性有着密切的联系。因此，木材在用做地板材料时，要了解地采暖用实木地板的特性，需要了解木材的基本特性。

2.1 木材特点

木材取之于森林资源，是与人最具亲和力的材料。木材具有如下特点：

1. 环境友好性

生产木材的过程也就是树木生长的过程，在这个过程中，树木中的叶绿体在阳光的照射下，可以将二氧化碳和水转化为有机物，并释放出氧气。以树木为主体的绿色植物能够在阳光的作用下，吸收二氧化碳，放出氧气，这一功能保证了整个世界的碳平衡，保证了人类的生存和发展。木材的生产是可持续的，只要地球还在，太阳还在，木材就会源源不断地生产出来。依据试验、实践以及学者们的研究报告，用木材制作的地板是人居空间设计常用的材料，因为这些材料在人居空间中显示出独特的属性，利于环境，有益健康。

2. 天然装饰性

木材作为一种天然装饰材料，具有能引起亲近感的颜色、花纹和光泽，给人一种自然的美感和亲切感。木材的环境学特性研究表明，木材的颜色近于橙黄色系，能带给人们温暖感和舒适感；木材自然多变的纹理符合人的生理变化节律，能带给人自然喜爱的感觉。

3. 各向异性

木材在构造上是非均一的材料，由于树种、生长地区、立地条件、生态因子以及树干部位的不同，木材的各种特性不同。人类是森林的主人，是木材资源的开拓者和利用者，了解由树木天然生长形成的木材各向异性，对于探索改性木材的途径和实现科学、合理地利用木材，无疑会提供有益的启示。

4. 易于加工

木材易于加工，用简单的工具经过锯、铣、刨、钻等工序就可以与各种金属连接件结合，做成各式各样轮廓的零部件。木制品间多见榫结合、钉结合和胶结合；还可以蒸煮后进行弯曲、压缩加工。此外，木材具有加工能耗少、环境污染小、可自然降解和回收利用的特点。

5. 强重比高

强重比是每单位质量下强度的值，以强度和密度的比值表示。优质的结构材料应具有较高的强重比，才能尽量以较小的截面满足强度要求，同时可以大幅度减小结构体本身的自重。木材具有较高的强重比，强重比越高表明达到相应强度所用的材料质量越小。

6. 富有弹性

木材富有弹性，有益于人体的健康。相比其他地面铺装材料，地采暖用实木地板具有脚感舒适及缓和冲击等优良特性，老人和小孩较适合使用地采暖用实木地板。

2.2 木材构造

木材主要来自乔木的树干部分，有针叶材和阔叶材之分。各种树木具有不同的构造，因而具有不同的性质。这种差别是一种遗传特性，而且这些产生木材的树木不断地受环境的影响，引起木材性质和构造上的变异。木材是一种生物有机复合材料，也是人类生活中常用的材料，其构造特征往往与木材的性质密切相关。我们在利用木材之前，了解树木的生长过程很有必要。

2.2.1 树木的组成

树木是由树冠、树干和树根三大部分组成，如图 2-1 所示。

树冠是树木的最上部分，是枝桠、树叶、侧芽和顶芽等部分的总称。占立木总体积的 5%～25%，主要功能是将根部吸收的养分，由边材输送到树叶，再由树叶吸收的二氧化碳，通过光合作用制成碳水化合物，供树木生长。

树干是树木的主体，也是木材的主要来源，占立木总体积的 50%～90%，树干具有输导、贮存和支撑的功能。木质部的生活部分（边材）把树根吸收的水分和矿物营养上行输送至树冠，再把树冠制造出来的有机养料通过树皮的韧皮部，下行输送至树木全体，并贮存于树干内。

树根是树木的地下部分，占立木总体积的 5%～25%，其功能是支持树体，将强大的树冠与树干稳着于土壤，保证树木的正常生长，是树木生长并赖以生存的基础。

2.2.2　木材三切面

木材的构造从不同的角度观察表现出不同的特征，观察木材的三切面可以达到全面了解木材构造的目的，木材三切面如图 2-2 所示。

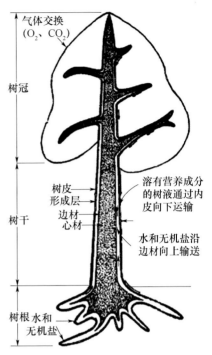

图 2-1　树木的构成

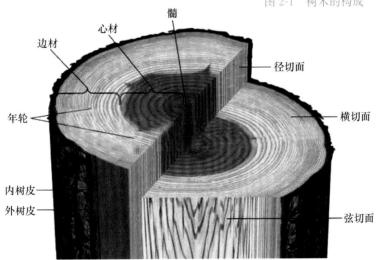

图 2-2　木材剖面图

横切面是与树干长轴相垂直的切面；径切面是顺着树干长轴方向，通过髓心与木射线平行或与生长轮相垂直的纵切面；弦切面是顺着树干长轴方向，与木射线垂直或与生长轮相平行的纵切面。在木材加工、利用过程中常说的径切板、弦切板与上述径切面和弦切面是有区别的。在木材生产中，借助横切面将板宽面与生长轮之间的夹角在 45°~90° 的板材称为径切板；将板宽面与生长轮之间的夹角在 0°~45° 的板材称为弦切板。在地采暖用实木地板加工过程中，径切板的稳定性要优于弦切板。

2.2.3 心材和边材

如图 2-2 所示，在木材的横切面上可见，靠近树皮（通常颜色较浅）的外环部分为边材；心材是由边材转化而来，形成心材的过程是一个非常复杂的生物化学过程，在这个过程中，生活细胞死亡，细胞腔出现单宁、色素、树胶、树脂以及碳酸钙等沉积物，水分输导系统堵塞，材质变硬，密度增大，渗透性降低，耐久性提高。心材颜色较深，硬度也较边材大；木材的边材活性细胞较多，含水率高于心材，采用边材制作的地采暖用实木地板稳定性较差。

2.2.4 早晚材

形成层的活动受季节影响较大，温带和寒带树木在一年的早期形成的木材，或热带树木在雨季形成的木材，由于环境温度高，水分足，细胞分裂速度快，细胞壁薄，形体较大，材质较松软，材色浅，称为早材。到了温带和寒带的秋季或热带的旱季，树木的营养物质流动缓慢，形成层细胞的活动逐渐减弱，细胞分裂速度变慢并逐渐停止，形成的细胞腔小而壁厚，材色深，组织较致密，称为晚材。针阔叶材早晚材带如图 2-3 所示。

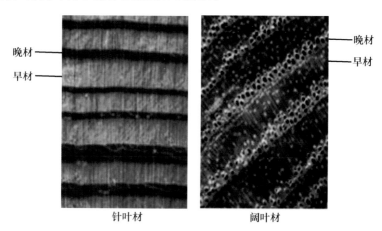

图 2-3 针阔叶材早晚材带

2.2.5 孔隙

木材具有许多孔隙，孔隙绝大部分是细胞腔，此外还有细胞壁上的纹孔。针叶材的孔隙主要是管胞的胞腔，有些树种还有树脂道；阔叶材的孔隙主要是导管的胞腔，导管的胞腔大，木纤维和轴向薄壁组织的胞腔相对较小，少数树种还有胞间道，如图 2-4 为针阔叶材微观构造示意图。木材的孔隙即木材的多孔性对木材性质影响较大，在加工成地采暖用实木地板时，主要有以下影响：木材的多孔性是木材导热性低的重要原因，孔隙越大，导热性就越低，实木地板用在地暖环境时，导热性是主要考虑的因素之一；木材在结构上的多孔性使之在力学上具有回弹性，木材在受到冲击时，即使超过弹性极限范围，也能吸收相当部分的能量，耐受较大的变形而不折断，用作地采暖用实木地板时，使其能够承受一定的冲击力。

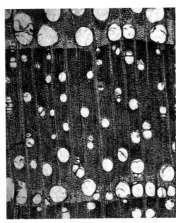 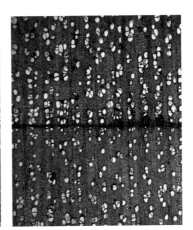

针叶材微观构造图　　　　　　　　阔叶材微观构造图

图 2-4　针阔叶材微观构造图

2.2.6　颜色、纹理和花纹

木材由于各种色素、单宁、树脂、树胶及油脂等物质沉积于细胞腔，并渗透到细胞壁中，使其呈现不同的颜色；木材由于细胞（纤维、导管、管胞等）的排列方向的不同而呈现各种不同的纹理，如图 2-5 所示；木材表面因生长轮、木射线、轴向薄壁组织、颜色、节疤和纹理等的不同，而产生各种图案。因此，不同木材加工而成的地采暖用实木地板具有不同的天然色泽和美丽花纹，装饰效果好。

图 2-5　木材花纹

2.2.7　缺陷

木材缺陷是存在于木材中的能够影响木材质量和使用价值的各种缺陷，主要包括天然缺陷、干燥缺陷以及加工缺陷。木材在加工成地采暖用实木地板时，质量好的地采暖用实木地板要求无虫眼、无腐朽、无钝棱、无裂纹以及无扭曲，特别是要求无钝棱，否则会影响铺装。木材缺陷如图 2-6 所示。

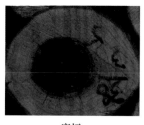  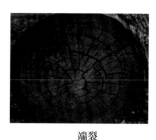

腐朽　　　　　　　　　　　虫眼　　　　　　　　　　　端裂

图 2-6　木材缺陷

2.3　木材物理特性

不借任何化学反应，也不用破坏试样的完整性即可测定的木材性质，称为木材的物理性质。地采暖用实木地板加工处理工艺的制定，以及材种的选择，都有依赖于木材物理性质的测定数据。木材的物理性质是木材科学加工和合理利用的基础之一。

2.3.1　木材密度

木材具有多孔性，其外形体积由胞壁物质及孔隙（胞腔、胞间隙及纹孔等）构成，其密度有木材密度和细胞壁物质密度两种：前者为木材单位体积（包括孔隙）的质量或重量，后者为细胞壁物质（不包括孔隙）单位体积的质量或重量。木材密度是一项重要的物理指标，在木材加工利用过程中具有非常重要的实际意义，可以用来判断木材的工艺性质和物理力学性质（强度、硬度、干缩及湿胀等）。根据含水率的变化，木材密度可分为四种，即基本密度、生材密度、气干密度及绝干密度。在地采暖用实木地板加工过程中常用的密度为基本密度和气干密度。

基本密度：绝干材的质量与生材体积之比，常用基本密度来比较木材各材种的性能，其密度越大，强度越高。

气干密度：木材含水率在 12% 时的密度。

2.3.2　木材干缩湿胀

木材中的水分，在立木状态下起着积极的作用，为树木生长所必不可少。

但树木伐倒后，木材作为原材料在加工利用时，水分的存在大多数是不利的，木材的物理、力学性质和加工利用，几乎都受水分影响。木材与水分关系的研究是木材合理利用、节约利用和综合利用不可缺少的前提。

木材具有较高的孔隙率和巨大的内表面，因而具有强烈的吸附性和毛细管凝聚水分能力。当木材的含水率低于纤维饱和点时，木材因解吸导致它尺寸和体积的收缩称为干缩；相反，因吸湿而引起尺寸和体积的膨胀称为湿胀。木材干缩湿胀的特性，对地采暖用实木地板的加工质量、铺装质量以及保养的影响较大。因此了解掌握木材干缩湿胀的规律有助于提高木材的加工利用能力。

木材构造的特点使其在性质上具有较强的各向异性，同样木材的干缩和湿胀也存在着各向异性。木材干缩湿胀的各向异性是指木材的干缩和湿胀在不同方向上的差异。干缩湿胀是木材的固有特性，就地采暖用实木地板而言，要求所有的木材一点都不发生干缩湿胀是不可能的，只需适当控制和减小木材的湿胀干缩量即可。

2.3.3　木材热学性质

木材热学性质的主要指标有比热、导热系数、导温系数和蓄热系数等。由于木材的多孔性、吸湿性和木材构造上的各向异性等，致使木材的热学性质在不同条件下存在着较大的差异。木材的导热系数表征物体以传导方式传递热量的能力，是极为重要的热物理参数，在评价木材热物理性质方面具有重要意义。实木地板用在地暖环境时，导热效果的好坏是主要的因素之一。影响木材导热系数的因素主要如下：

1. 密度

木材是多孔性材料，热流要通过其实体物质（细胞壁物质）和孔隙（细胞腔、细胞间隙等）两部分传递，但孔隙中空气的导热系数远小于木材实体物质，因而木材的导热系数随着实质率或密度的增加而增大，且为正线性相关。

2. 含水率

水的导热系数比空气的导热系数高 23 倍以上，随着木材含水率的增加，木材中部分空气被水所替代，致使木材的导热系数增大。

3. 温度

木材为多孔性材料，其固体分子的热运动会增加，而且孔隙空气导热和孔壁间辐射能也会增强，从而导致木材的导热系数增大，即导热系数随着温度的升高而增大。

4. 热流方向

由于木材在组织构造上的各向异性，使得其各方向上的导热系数亦有较大差异。同树种木材顺纹方向的导热系数明显大于横纹方向的导热系数。

此外，木材具有一定的蓄热能力，用蓄热系数来表示，即在周期性外施热作用下，木材储蓄热量的能力。蓄热系数越大，热稳定性越好。

2.4 木材化学特性

木材的化学性质对木材的材性有直接影响，因此掌握木材的化学性质对加工和使用地采暖用实木地板有着重要的意义。

木材主要由纤维素、半纤维素和木质素三种高分子化合物组成，一般总量占木材的95%左右，除此之外还有一些低分子量的物质，主要构成是浸提物和灰分，约占木材组成的5%左右，如图2-7所示。

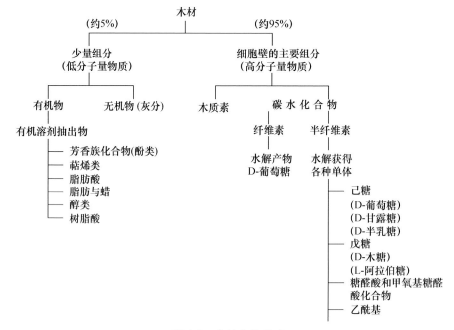

图2-7 木材化学组成

Wordrop用电子显微镜观察纤维素、半纤维素、木质素在细胞壁中的物理形态，提出纤维素以微纤丝的形态存在于细胞壁中，有较高的结晶度，使得木材具有较高的强度，称作微骨架结构；半纤维素是无定形物质，分布在微纤丝之间，称为填充物质；对于木质素，一般认为是无定形物质，包围在微纤丝、基本纤丝之间，是纤维和纤维之间形成胞间层的主要物质，称为结壳物质。

2.4.1 纤维素

纤维素（cellulose），是不溶于水的均一聚糖，它是由 D-葡萄糖基构成的直链状高分子化合物。纤维素大分子中的 D-葡萄糖基之间按着纤维素二糖连接的方式联结，如图 2-8 所示。纤维素二糖的 C_1 位上保持着半缩醛的形式，有还原性，而在 C_4 上留有一个自由羟基，纤维素具有线性的 X 射线图。

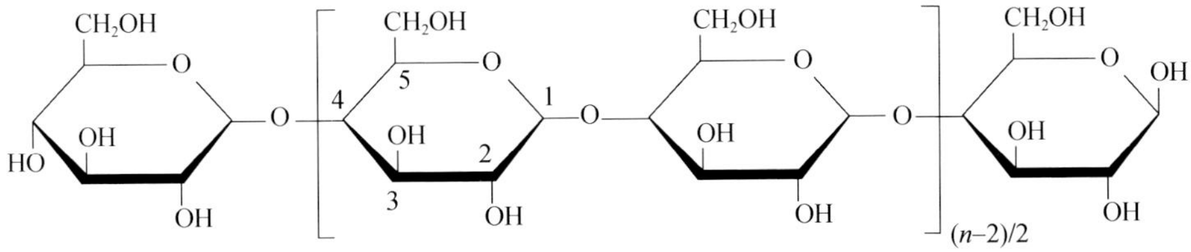

图 2-8　纤维素化学结构

纤维素作为木材细胞壁的主要成分之一，它的性质对木材性质有着较大的影响。纤维素具有结晶结构。通过 X 射线衍射等试验，提出了纤维素超分子结构二相体系理论，即纤维素是以结晶相和无定形相共存的。纤维素结晶区占纤维素整体的百分率称为纤维素结晶度，它反映纤维素聚集时形成结晶的程度。纤维素结晶度的变化对木材材性有着重要的影响，随着纤维素结晶度的增加，纤维的抗拉强度、硬度、密度及尺寸稳定性均随之增大，而纤维的伸展率、吸湿性、染料的吸着度、润胀度、柔顺性及化学反应性均随之减小。

2.4.2　半纤维素

半纤维素是植物组织中聚合度较低（平均聚合度约为 200）的非纤维素聚糖类，可被稀碱溶液抽提出来，是构成木材细胞壁的主要成分。与纤维素不同，半纤维素不是均一聚糖，而是一类复合聚糖的总称。半纤维素是木材高分子聚合物中对外界条件最敏感、最易发生变化和反应的主要部分。它的存在和损失、性质和特点对木材材性及加工利用有重要影响。

1. 对木材强度的影响

木材经过热处理后多糖的损失主要是半纤维素，因为在高温下半纤维素的降解速度高于纤维素，耐热性差。半纤维素在细胞壁中有黏结作用，所以半纤维素的变化和损失不但降低了木材的韧性，而且也使抗弯强度、硬度和耐磨性降低。

2. 对木材吸湿性的影响

半纤维素是无定形物，具有分支度，主链和侧链上含有较多羟基、羧基等亲水性基团，是木材中吸湿性强的部分，是使木材产生吸湿膨胀、变形开裂的因素之一。另一方面，在木材热处理过程中，半纤维素中某些多糖容易裂解为糖醛和糖类的裂解产物，在热量的作用下，这些物质又能发生聚合作用生成不溶于水的聚合物，因而降低木材的吸湿性，减少木材的膨胀和收缩。

2.4.3 木质素

木材中除去纤维素、半纤维素后，剩余的细胞壁物质为木质素。木质素是针叶树类、阔叶树类和草本植物的基本化学组成之一。木质素是非常复杂的天然聚合物，其化学结构与纤维素相比，缺少重复单元间的规律性和有序性。木质素的基本结构单元是苯丙烷，苯环上具有甲氧基。木质素共有三种基本结构，即愈创木基结构、紫丁香基结构和对羟苯基结构。木质素作为木材细胞壁中的结壳物质，包围在微纤丝、基本纤丝之间，是纤维与纤维之间形成胞间层的主要物质。

木质素分子结构中存在着芳香基、酚羟基、醇羟基、羰基、甲氧基及共轭双键等活性基团，可以进行氧化、还原、水解、醇解、光解、酰化、磺化、烷基化、卤化、硝化、缩合和接枝共聚等化学反应。其中，木质素对光不稳定，木材表面的光降解会引起木材品质的劣化，而木材的光降解反应主要发生于木质素。

2.4.4 抽提物

木材中除了含有数量较多的纤维素、半纤维素和木质素等主要成分外，还含有少量成分的抽提物。抽提物对于木材的材性、加工及其利用均产生一定的影响。

木材抽提物存在于边材薄壁细胞中，木质化阶段一经结束，木纤维和管胞就死亡，而横向和纵向薄壁细胞却一直维持很多年仍生活着，这些细胞作为水和无机盐类传导的通道，维持新陈代谢进程和贮存养料，经过一定时间后死亡，并逐渐形成心材。在此过程中，木材内部发生各种变化，形成大量抽提物沉积在细胞壁或填充在细胞腔和一些细胞组织中。

木材抽提物主要是三类化合物：脂肪族化合物、萜和萜类化合物和酚类化合物。包含多种物质，主要有单宁、树脂、树胶、精油、色素、生物碱、脂肪、蜡、甾醇、糖、淀粉和硅化物等。木材抽提物是化工、医药及许多工业部门的重要材料，具有一定的经济价值。在木材加工工业中，抽提物不仅影响木材的某些性质，而且也影响木材的加工工艺。

1. 对木材颜色的影响

木材具有不同颜色，这与细胞腔、细胞壁内含物填充或沉积的多种抽提物有关。材色的变化因树种和部位不同而异。因此采用不同的树种或部位制造的木制品，外观会呈现不同的颜色。同时，木材内抽提物含量的变化也会引起木材颜色的改变，例如铺装的地采暖用实木地板板面颜色会随着时间延长而变深、变浅或不均。这是因为地采暖用实木地板中本身的抽提物在大气和阳光下产生氧化，造成抽提物含量改变，从而引起地采暖用实木地板颜色的改变。

2. 对木材气味的影响

树种不同造成木材中所含抽提物的化学成分有差异，因而从某些木材中逸出的挥发物质不同，其具有的气味也不同。如松木含有清香的松脂气味；柏木、侧柏和圆柏等有柏木香气，雪松有辛辣气味，杨木具有青草味，椴木有腻子气味等。

3. 对木材强度的影响

含树脂和树胶较多的热带木材的耐磨性比其他树种高。抽提物对木材强度的影响随作用力的方向有差异，顺纹抗压强度受木材抽提物含量的影响最大，冲击韧性最小，而抗弯强度则介于两者之间。

4. 对涂饰性能的影响

木材抽提物对木材油漆有着重大影响。许多实例证明，当油漆木材时，会发生漆膜变色，这是由于木材含水率增高时，木材内部的抽提物向表面迁移在表面析出的结果，同时某些抽提物还可能和油漆或涂料反应，使得漆膜变色，漆膜附着力减弱。例如油脂型地板在使用过程中，会有挥发性的油脂慢慢由内向表面渗出。在生产中，需作封底的特殊处理，并且使用 PU 涂料的效果较好。

5. 对木材表面耐候性的影响

木材表面的抽提物能促进木材对紫外线的吸收，从而加速木材表面的光化降解和木材表面的劣化。因此在地板的加工过程中，应对某些树种中的部分抽提物进行抽提，从而防止在地板使用过程中产生光化降解而导致的木材表面劣化。

6. 对木材尺寸稳定性的影响

木材抽提物可以看作是木材的天然填充剂，将木材组织中的空隙填实，能减少木材的湿胀和干缩，有增强木材尺寸稳定性的作用。而当木材被锯割后，心材部分的浸提物大量暴露，在干燥过程中大量挥发或溶于水气中，反而成为影响木材稳定性的因素。

7. 对木材加工的影响

多酚类抽提物含量高的树种在木材加工过程中易使切削刀具磨损。例如切削柚木时易使刀具变钝，并有夹锯现象，锯剖面容易起毛。

2.5　木材力学特性

木材作为一种非均质、各向异性的天然高分子材料，许多性质都有别于其他材料，而其力学性质更是和其他均值材料有着明显的差异，因此掌握了解木材的力学特性有助于更好地利用木材。

2.5.1 木材黏弹性

1. 弹性

应力在材料弹性极限以下时，一旦除去应力，材料的应变就完全消失。这种应力解除后即产生应变完全回复的性质称作弹性。

2. 黏性

与弹性材料相比，还有一类黏性流体。黏性流体没有确定的形状，在应力 σ 作用下，产生应变 ε 随时间的增加而连续的增加，除去应力 σ 后应变 ε 不可回复，黏性流体所表现出的这个性质称为黏性。

木材作为生物材料同时具有弹性和黏性两种不同机理的变形。木材在长期荷载下的变形将逐渐增加，若荷载很小，经过一段时间后，变形就不再增加；当荷载超过某极限值时，变形随时间而增加，直至使木材破坏，木材这种变形如同流体的性质，在运动时受黏性和时间的影响。因此，在讨论木材的变形时，需对木材的弹性和黏性同时予以考虑，将木材这种同时体现弹性固体和黏性流体的综合特性称作黏弹性。蠕变和松弛是黏弹性的主要内容。

木材作为高分子材料，在受外力作用时，由于其黏弹性而产生 3 种变形：瞬时弹性变形、黏弹性变形及塑性变形。与加荷速度相适应的变形称为瞬时弹性变形，它服从于虎克定律；加荷过程终止，木材立即产生随时间递减的弹性变形，称黏弹性变形（或弹性后效变形）；最后残留的永久变形称为塑性变形。木材蠕变曲线变化表现的正是木材的黏弹性质，如图 2-9 所示。

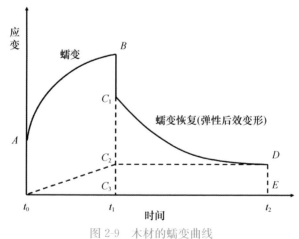

图 2-9　木材的蠕变曲线

2.5.2 强度

强度是材料抵抗所施加应力而不致破坏的能力，如抵御拉伸应力的最大临界能力被称为抗拉强度，抵御压缩应力的最大临界能力称为抗压强度，抵御被弯曲的最大临界能力被称为抗弯强度等。当应力超过了材料的某项强度时，便会出现破坏。强度的单位是 N/mm^2（MPa）。表示单位截面积上材料的最大承载能力。

木材作为一种非均质、各向异性的天然高分子材料，易受环境因素影响，其强度因所施加应力的方式和方向的不同而改变。根据所施加应力的方式和方向的不同，木材具有抗拉强度、抗压强度、抗弯强度等多项力学性能指标。

1. 冲击韧性

木材韧性指木材在不致破坏的情况下所能抵御的瞬时最大冲击能量值。木材的韧性越大，被扩展出一个裂隙乃至破坏所需的能量越高。冲击韧性亦称冲击弯曲比能量、冲击功或冲击系数，是木材非常短的时间内受冲击荷载作用而产生破坏时，试样单位面积吸收的能量。冲击韧性试验的目的是为了测定木材在冲击荷载条件下对破坏的抵抗能力。

国际上常用的冲击韧性试验方法有两种：一种是将试样一次击断的摆锤式冲击试验；另一种是连续敲打的落锤式冲击试验。现行国家标准《木材冲击韧性试验方法》GB/T 1940—2009 采用的是第一种试验方法。

冲击韧性与生长轮宽度具有一定的关联性，生长轮特别宽的针叶树材，因为密度低，冲击韧性也低，木质素含量过高也会降低木材的韧性。

2. 压缩强度

木材的压缩强度包括顺纹抗压强度、横纹抗压强度、局部抗压强度。其中，木材的顺纹抗压强度指平行于木材纤维方向，给试件全部加压面施加荷载时的强度。顺纹抗压试验遵照国家标准《木材顺纹抗压强度试验方法》GB 1935—2009 进行，试件断面径、弦向尺寸为 20mm×20mm，高度为 30mm。计算公式：

$$\sigma_w = P_{max}/bt \text{（MPa）}$$

式中　P_{max}——最大荷载，N；

　　　b、t——试件宽度、厚度，mm 。

木材的顺纹抗压强度一般是其横纹抗压强度的 5～15 倍，约为顺纹抗拉强度的 50%。

木材的横纹抗压强度指垂直于纤维方向，给试件全部加压面施加荷载时的强度。横纹抗压试件尺寸为：全部受压 20mm×20mm×30mm，局部受压 20mm×20mm×60mm。计算公式：

全部横压　　　　　　　$\sigma_{yw} = P / bL \text{（MPa）}$

式中　P——比例极限荷载，N；

　　　b——试件宽度，mm ；

　　　L——试件长度，mm 。

19

局部横压 $\qquad$ $\sigma_{pw} = P / bt$（MPa）

式中　P——比例极限荷载，N；

$\qquad$ b——试件宽度，mm；

$\qquad$ t——压板宽度，mm。

3. 拉伸强度

根据拉伸应力的加载方向，有顺纹抗拉强度和横纹抗拉强度之分。顺纹和横纹抗拉强度均采用如下公式计算：

$$\sigma_w = P_{max} / bt \text{（MPa）}$$

式中　P_{max}——最大荷载，N；

$\qquad$ t、b——试件厚度、宽度，mm。

顺纹抗拉强度是木材的最大强度，约 2 倍于顺纹抗压强度，12～40 倍于横纹抗压强度。木材顺纹抗拉强度取决于木材纤维或管胞的强度、长度及方向。纤维长度涉及微纤丝与轴向的夹角（纤丝角），纤维越长，纤丝角越小，强度越大。密度越大，顺纹抗拉强度也越大。

木材抵抗垂直于纹理拉伸的最大应力称为横纹抗拉强度。横纹抗拉强度值很低，通常仅为顺纹抗拉强度的 1/65～1/10。有时，横纹抗拉强度可以作为预测木材干燥时开裂与否的重要指标。

4. 抗弯强度

木材的抗弯强度亦称静曲极限强度，为木材承受横向荷载的能力。常用于推测木材的容许应力。木材抗弯强度介于顺纹抗拉强度和顺纹抗压强度之间。

由于木材抗弯强度容易测试以及在实际应用上的重要性，在材质判定中使用最多。抗弯强度测试遵照国家标准《木材抗弯强度测试方法》GB1936.1－2009，试件尺寸为 20mm×20mm×300mm，计算公式为：

$$\sigma_{bw} = 3P_{max} L/2bh^2 \text{（MPa）}$$

式中　P_{max}——最大荷载，N；

$\qquad$ L——两支座距离，mm；

$\qquad$ b——试件宽度，mm；

$\qquad$ h——试件高度，mm。

2.5.3　硬度

木材在加工成实木地板时，其硬度也是评判地板质量好坏的因素之一。木材的硬度越大，其地板的耐刮擦性能越好，一般是用拇指指甲在木材上试之有无痕迹，如图 2-10 所示，或用小刀切削，以试其软硬程度。木材的硬度通常以端面硬度来表示。不同材种的硬度有所差异，一般来说，密度越高的木材其硬度越大，相对耐磨性也越高；含水率越高，硬度相对越小；木材的硬度还取决于纹理方向，即横切面的硬度高于纵切面，心材的硬度高于边材，干材的硬度高于湿材，晚材硬度大于早材，成熟材硬度大于幼龄材。因此，我们在加工利用木材时，应综合考虑上述因素。

图 2-10　指甲测硬度

2.5.4　耐磨性

木材与任何物体的摩擦，均产生磨损，其变化大小以磨损部分损失的质量或体积来计量。由于导致磨损的原因很多，磨损的现象又十分复杂，很难制定统一的耐磨性标准试验方法。各种试验方法都是模拟某种实际磨损情况，连续反复磨损，然后以试件质量或厚度的损失来衡量。因此，耐磨性试验的结果只具有比较意义。木材耐磨性的计算公式为：

$$Q= [(g_1-g_2) /g_1] \times 100 （\%）$$

式中　Q——质量磨损率；

g_1，g_2——试样试验前后的质量，g。

3 地采暖用实木地板常用树种

作为一种地面装饰材料，地采暖用实木地板由于其使用环境的特殊性，对材种要求较高。不是所有的材种都能用作地采暖用实木地板，目前主要以进口北美、新西兰以及非洲等地优质高档材种为主，如亚花梨、硬木松、香脂木豆、柚木、番龙眼、印茄木及红橡等。由于不同树种的花色、材性（强度、木材干缩及湿胀性、密度等）和价格差异很大，消费者在选购地采暖用实木地板时，可根据个人装饰风格、喜好、经济能力及使用环境等选择不同的树种。

3.1 性能要求与评价

地采暖用实木地板用材以阔叶材为主，加之使用环境的复杂性，尤其是在北方地区，非采暖季地面要承受各种潮气，而供暖时地面温度又要骤然升高，地板必然承受"温度""湿度"的双重变化。所以地采暖用实木地板必须要选购尺寸稳定性好的、防潮耐热性好的树种，而且要求其具有较好的加工性能，易于涂饰，弹性好，抵抗磨损与破坏的能力强，不易变形。强度方面主要考虑抗弯强度和抗剪强度，其次为横纹抗压强度与硬度，并要求耐腐和抗虫。

地采暖用实木地板因其具有环保健康、脚感舒适以及富有弹性等特点而深受广大消费者的青睐。用于地采暖用实木地板的材种大部分来自于北美洲、非洲、南美洲、东南亚、欧洲以及大洋洲等地区，独特的地域环境和气候条件赋予木材天然的外观、细密的结构、较好的稳定性以及防潮耐热性而成为地采暖用实木地板的绝佳原材。表 3-1 列出了部分适用于地采暖实木地板的树种名称。

表 3-1　部分适用树种名称

序号	木材名称	拉丁名
1	白蜡木	*Fraxinus* spp.
2	番龙眼	*Pometia* spp.
3	格木	*Erythrophleum* spp.

序号	木材名称	拉丁名
4	黑胡桃	*Juglans Nigra*
5	黑酸枝	*Dalberqia* spp.
6	花梨	*Pterocarpus* spp.
7	红酸枝	*Dalbergia* spp.
8	栎木	*Quercus robur*
9	纽敦豆	*Newtonia* spp.
10	水曲柳	*Fraxinus* spp.
11	斯文漆	*Swintonia* spp.
12	香脂木豆	*Myroxylon balsamum*
13	亚花梨	*Pterocarpus* spp.
14	印茄木	*Intsia* spp.
15	柚木	*Tectona grandis*
16	油楠	*Sindora* spp.
17	圆盘豆	*Cylicodiscus* spp.

3.2 常用树种介绍

3.2.1 亚花梨

1. 构造特征

心材黄褐至紫褐色，有时具深色条纹，边材浅黄褐色，纹理交错。散孔材，树皮规则纵横深色龟裂，生长轮较清晰，木材光泽度较好。

单管孔，少数径列复管孔。管间纹孔式互列，系附物纹孔；单穿孔，导管-射线间纹孔式类似管间纹孔式。轴向薄壁组织傍管带状、翼状及聚翼状，宽 1～7 细胞，具分室含晶细胞，叠生。木射线叠生，单列射线（稀成对或 2 列），射线组织同形单列，如图 3-1、图 3-2 所示。

2. 主要性质

亚花梨（拉丁名：*Pterocarpus* spp.）蝶形花科，紫檀属树种，主产于热带非洲地区，其树高径大，气干密度 0.5～0.72g/cm³，木材甚重，干缩性小，油性高，质硬，强度高，韧性好，耐磨、耐腐性能好。

图 3-1　亚花梨宏观构造图

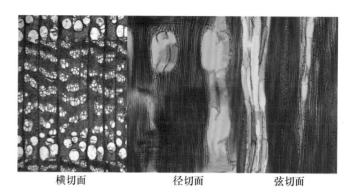

| 横切面 | 径切面 | 弦切面 |

图 3-2　亚花梨微观构造图

3. 主要用途

　　亚花梨木材主要用于地板、家具、微薄木以及造船等。亚花梨木材一般都有自身独特的香味，用作地板和家具时，可以给居住的环境带来新的活力。亚花梨本身耐腐蚀，花纹为山形，铺设后会形成美丽的连绵山形图案，成为高端家居装饰的主要用材，备受人们青睐，如图 3-3 所示。

图 3-3　亚花梨地采暖用实木地板装饰效果图

3.2.2　印茄木

1. 构造特征

　　散孔材，心材褐色至暗红褐色，与边材区别明显。木材具光泽，无特殊气味和滋味，生长轮明显，管孔肉眼下可见，木射线放大镜下可见。通常具深浅相间条纹，纹理交错，横切面翼状、聚翼状薄壁组织构成鱼眼状花纹，弦切面宽纺锤形木射线构成网状花纹，导管内含硫黄色沉积物酷似鱼眼闪烁或鱼嘴吐珠。

单管孔及径列复管孔，管间纹孔式互列，系附物纹孔单穿孔，导管与射线间纹孔式类似管间纹孔式。轴向薄壁组织翼状，少数聚翼状及轮界状，分室含晶细胞数多。木纤维壁薄至厚，木射线局部呈规则排列，单列射线较少，多列射线宽 2～3 细胞，射线组织同形单列及多列，如图 3-4、图 3-5 所示。

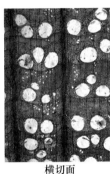

横切面　　　　　径切面　　　　　弦切面

图 3-4　印茄木宏观构造图　　　　　图 3-5　印茄木微观构造图

2. 主要性质

印茄木（拉丁名：*Intsia* spp.），苏木科，印茄属树种。主产于东南亚、澳大利亚、斐济等，俗称波罗格。印茄木一般生长缓慢，成熟期约 75～80 年。气干密度约 $0.80g/cm^3$，结构略粗，含油，抗潮、抗白蚁性能强，耐腐、耐久性强，材质硬重，强度高，干燥性能良好，油漆附着性能良好。

3. 主要用途

印茄木主要用于地板以及家具等室内装修材料。印茄木材质较好，是北方地面铺装比较常见的树种。印茄木在东南亚享有很高的地位，当地的居民把它誉为神木。印度尼西亚、泰国等佛教国家很多的宫殿和寺庙里面，出现最多的木材就是印茄木。印茄木的树皮内及管孔中硫黄色沉积物均很丰富，从中可提取纺织染料。

图 3-6　印茄木地采暖用实木地板装饰效果图

用印茄木制成的地采暖用实木地板稳定性较好，不易变形、开裂；颜色为红底色，隐约带有金黄色的花纹，树纹清晰美观，很有特色，颜色亮丽，红色的地板底色与实木家具搭配起来让家装效果很有档次感和厚重感；印茄木地板表面的细小沉淀物质比较明显，铺装后的效果自然，非常适合喜欢沉稳装修风格的家庭，是颇受消费者青睐的树种之一，如图 3-6 所示。

3.2.3 番龙眼

1. 构造特征

散孔材，心材浅红褐色至红褐色，常带紫红色，心材颜色较深，与边材区别不明显。生长轮略明显，管孔肉眼下可见，数少，略大，散生，具白色沉积物。轴向薄壁组织放大镜下可见，轮界状及环管状，木射线放大镜下可见，甚窄。木材具金色光泽，无特殊气味。纹理直，径面略具交错纹理。

单穿孔为主，管间纹孔式互列，导管与射线间纹孔式类似管间纹孔式。轴向薄壁组织环管束状，轮界状；具分室含晶细胞，分隔木纤维普遍。木射线非叠生，单列射线高 1～27 个细胞；少数两列；射线组织异形单列，偶异形Ⅲ型。射线细胞菱形晶体丰富，如图 3-7、图 3-8 所示。

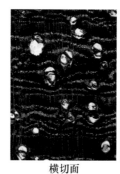

横切面　　　　　　径切面　　　　　　弦切面

图 3-7　番龙眼宏观构造图　　　　　图 3-8　番龙眼微观构造图

2. 主要性质

番龙眼（拉丁名：*Pometia* spp.）无患子科，番龙眼属树种，广泛分布于东南亚及巴布亚新几内亚，因其应用广泛而且性能稳定，故有"唐木"之称。它是兰屿岛上最重要的经济用材与果树，质地致密而坚重，具有弯弧状的黑色木质纹理。结构细至中、均匀，气干密度 $0.6～0.74\text{g/cm}^3$，质量及强度中等，硬度中至略硬，切面光滑，油漆附着性能良好，不易翘裂，耐腐及抗虫性强。

3. 主要用途

番龙眼木材主要用于地板、家具、室内装修及文体用品等。用番龙眼做成的地采暖用实木地板显厚实感，端庄沉稳，价格适中。此外，番龙眼地采暖用实木地板油吸收性强，漆面光滑，颜色自然柔和，纹理清晰真实。红褐色外观显得淡雅自然，一直受到消费者的青睐，如图3-9所示。

图 3-9 番龙眼地采暖用实木地板装饰效果图

3.2.4 樱桃木

1. 构造特征

心边材区别明显，心材颜色由艳红色至棕红色，边材呈奶白色。散孔材或半散孔材，纹理细腻、清晰，细纹里有狭长的棕色髓斑及微小的树胶囊，偶具伤愈之纵向树胶沟，管孔一般不规则，成小群。导管随地理条件的不同而异，早晚材管孔尺寸的急剧变化标示出清晰的生长轮界。基本组织中的纤维几乎都是厚壁的，薄壁组织离管，星散，稀少。在心材中导管内有淡黄色胶质内含物。

半环孔材至环孔材，具单穿孔板。导管中都有螺纹加厚，一般间距大。有时具斜方晶体和晶簇出现。单列射线细胞一般方形或直立。多列射线轻微异形，木射线单列或3～7列，基本组织主要由纤维管胞组成，有时会过渡为韧性纤维，如图3-10、图3-11所示。

横切面　　　　　　　径切面　　　　　　　弦切面

图 3-10 樱桃木宏观构造图　　　　　图 3-11 樱桃木微观构造图

2. 主要性质

樱桃木（拉丁名：*Prunus serotina*）蔷薇科，李属树种，主产于北美洲、欧洲、亚州西部及地中海地区，美国樱桃木又称为美国黑樱桃，气干密度约 $0.58g/cm^3$，是美国三大硬阔叶材之一。樱桃木抛光性好，涂装效果好，机械加工性能好。干燥尚算快速，干燥时收缩量大，但干燥后尺寸稳定性很好。木材的弯曲性能好，硬度低，强度中等，耐冲击载荷。

3. 主要用途

樱桃木适合做高档家居用品，可用作地板、家具、高级细木工件、乐器等。其中，用樱桃木做成的地采暖用实木地板具有天然的深红色，纹理细腻，自然大气，是美式和欧式家装的首选，如图 3-12 所示。

图 3-12　樱桃木地采暖用实木地板装饰效果图

3.2.5　柚木

1. 构造特征

环孔材至半环孔材，心材浅褐或褐色，久则暗黄褐色，与边材区别明显，边材黄色。生长轮明显，油性光亮，纹理通直，早材带管孔大，在肉眼下明显，排成连续早材带，侵填体常见，具白色沉积物，晚材管孔放大镜下明显，略少。轴向薄壁组织在放大镜下可见，环管状或至环管束状、轮界状，木射线放大镜下明显。

早材单管孔，晚材单管孔及短径列复管孔。管间纹孔式互列，单穿孔，导管与射线间纹孔式类似间纹孔式。轴向薄壁组织环管状或至环管束状、轮界状。分隔木纤维普遍。多列木射线宽 2~5 细胞，射线组织同形单列及多列，稀异形Ⅲ型，如图 3-13、图 3-14 所示。

图 3-13 柚木宏观构造图

横切面　　　　　　径切面　　　　　　弦切面

图 3-14 柚木微观构造图

2. 主要性质

柚木（拉丁名：*Tectona grandis*）又称胭脂树、紫柚木、血树等，马鞭草科，柚木属树种。主产于印度、马来西亚、泰国等，气干密度为 $0.58\sim0.67g/cm^3$。结构较粗，不均匀。干缩系数小，干缩率从生材至气干径向 2.2%、弦向 4.0%，是木材中变形系数非常小的一种，抗弯曲性好，非常耐磨，使用时尺寸稳定性好，加工较容易，切面光滑，油漆附着性能优良。

3. 主要用途

柚木是世界上最珍贵、最著名的木材之一，可用作地板、家具、装饰单板、造船、雕刻以及乐器等。在缅甸、印尼，柚木被称为"国宝"。从纹理看柚木有明显的墨线和油斑，墨线呈直线分布，越细越多，代表油质量越高，品质越好，树龄越大其密度越高，年轮因压力而不规则地扭曲，横切之后呈现鬼斧神工般的美丽花纹，细致优美，被行家称为鬼脸。柚木的天然油脂会随时间缓慢释放，使其金黄色泽日益鲜明，表面莹润通透成为名贵家具、豪华游轮、皇室宫殿的"宠儿"。

柚木做成的地采暖用实木地板不仅纹理清晰、美观、颜色高雅，而且富含香气，不但能驱蚊虫，还有益于身体健康，如图 3-15 所示。

图 3-15 柚木地采暖用实木地板装饰效果图

3.2.6　香脂木豆

1. 构造特征

散孔材，心材红褐色至紫红褐色，具浅色条纹，与边材区别明显，边材近白色。木材具香气，生长轮不明显，管孔放大镜下明显，数少，略小，部分导管含树胶和沉积物，轴向薄壁组织放大镜下可见，环管状，少数翼状，木射线放大镜下略见。

单管孔及径列复管孔。管间纹孔式互列，系附物纹孔；单穿孔，导管与射线间纹孔式类似管间纹孔式。轴向薄壁组织为疏环管状、环管束状、少数翼状及聚翼状，叠生。木射线叠生，单列射线少；多列射线宽 2～3 细胞；射线组织异形Ⅱ型及Ⅲ型，具连接射线。菱形晶体常位于方形或直立射线细胞中，如图 3-16、图 3-17 所示。

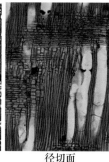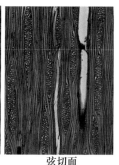

横切面　　　　　　径切面　　　　　　弦切面

图 3-16　香脂木豆宏观构造图　　　图 3-17　香脂木豆微观构造图

2. 主要性质

香脂木豆（拉丁名：*Myroxylon balsamum*）蝶形花科，香脂木豆属树种，俗称红檀香，分布于巴西、秘鲁、委内瑞拉以及阿根廷等国家，全球产量极少，因成材率低而更显稀有珍贵。结构较粗，不均匀，气干密度约 0.95g/cm³，强度高，硬度大，结构细而匀，耐久、耐腐耐磨，有木王之称。使用时尺寸稳定性好，加工较容易，油漆或上蜡性能良好。

3. 主要用途

香脂木豆可用于地板、家具、装饰单板、车辆和雕刻等。香脂木豆因木材中含芳香精，能分泌医药和香料用的天然树脂，故天生异香，温和自然。香脂木豆做成的地采暖用实木地板是较为高档的地板之一，如图 3-18 所示。

图 3-18　香脂木豆地采暖用实木地板装饰效果图

3.2.7　朴木

1. 构造特征

环孔材，心材呈淡黄灰或浅棕色，边材呈淡色或浅黄绿色，心边材区别不明显。纹理直或略斜，有光泽，无特殊气味，生长轮明显，早材管孔中至略大，在肉眼下可见至明显；连续排列成早材带，心材管孔内侵填体可见；早材至晚材急变，晚材管孔甚小，在放大镜下可见；木射线在肉眼下横切面上可见或明显，比管孔小，径切面上射线斑纹明显；轴向薄壁组织在肉眼下可见。单穿孔，主为管孔团，少数单管孔及径列复管孔；分布不均匀，斜列，弦向带状或波浪形；轴向薄壁组织傍管形，通常围绕晚材管孔排成斜列，弦列或波浪形；管间纹孔式互列，木射线及轴向薄壁组织间纹孔式类似管间纹孔式；单列射线高 1～13 细胞或以上，多列射线宽 2～10 细胞，射线组织异形 Ⅱ 型；菱形晶体普遍，具分室含晶细胞，如图 3-19、图 3-20 所示。

横切面　　　　　径切面　　　　　弦切面

图 3-19　朴木宏观构造图　　　　　图 3-20　朴木微观构造图

2. 主要性质

朴木（拉丁名：*Celtis occidentalis*）俗称孔雀木，榆科，朴属树种，主要分布于美国及加拿大等国家，气干密度 0.58～0.76g/cm³ 易于加工，经砂磨能得到较好的表面，较好的雕刻用木。朴木具有较好的柔韧性和稳定性，而且朴木纹理自然、别致，总体精细均匀，神似美丽的孔雀羽毛，栩栩如生，大气天成。

3. 主要用途

朴木可用作地板、家具、雕刻以及乐器等。用朴木做成的地采暖用实木地板又以美国朴木为最佳。朴木地板具有较好的上色性能、天然的纹理，备受消费者喜爱，如图 3-21 所示。

图 3-21　朴木地采暖用实木地板装饰效果图

3.2.8　栎木

1. 构造特征

环孔材，木材黄色至浅红褐色，生长轮明显，早材管孔肉眼下明显，形成早材带，宽 2～5 管孔，晚材管孔小，放大镜下略见。木射线分宽窄两种：宽木射线肉眼下极明显，窄木射线放大镜下略见。

单管孔，早材管孔具侵填体。管间纹孔式互列，单穿孔，导管-射线间纹孔式刻痕状或大圆形。环管管胞量多，薄壁组织星散-聚合、星散及环管状。木射线非叠生，窄射线通常单列，宽射线宽 12～30 细胞，射线组织同形单列及多列，如图 3-22、图 3-23 所示。

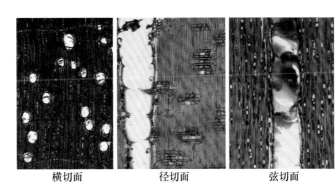

横切面　　　　　　径切面　　　　　　弦切面

图 3-22　栎木宏观构造图　　　　　　图 3-23　栎木微观构造图

2. 主要性质

栎木（拉丁名：*Quercus* spp.）壳斗科，麻栎属树种，主产于北美、欧洲等地。栎木的气干密度为 $0.66\sim0.77\text{g/cm}^3$。木材坚韧，结构细腻，强度高，耐磨、耐腐、耐冲击，稳定性较好，切面光滑，涂饰与着色性能良好。

3. 主要用途

栎木目前被广泛用于地板和制作家具的主材，原因在于其优良的材质性能：如采用浮雕工艺，则有明显的凹凸山水纹理，无论视觉还是触感均属于上佳材质。其纹理在进行弦切加工时有明显的山形木纹，大气美观。

栎木是欧洲古老的传统家居用材，质地坚实却又富有弹性。木材的纹理平直又均匀，极少有小的凸节，这也使它具备了液体不可渗透的特点；而它体内所蕴含的单宁成分，使它能够很好地抵抗微生物和昆虫的侵害，让红酒呈现最美的味觉口感。此外，用于最上等红酒密封所用的软木塞也是由栎木的树皮制成。室内装饰效果如图 3-24 所示。

图 3-24　栎木地采暖用实木地板装饰效果图

3.2.9　圆盘豆

1. 构造特征

散孔材，心材金黄褐色，久则氧化后变深呈红褐色，具带状条纹，与边材区别明显，边材浅黄色。生长轮不明显，管孔肉眼下可见，略呈斜列，数少，大小中等。轴向薄壁组织放大镜下明显，翼状及环管状，木射线放大镜下可见，稀至中。

单管孔，少数径列复管孔（2～3 个），有时略规则斜列。管间纹孔式互列，系附物纹孔；单穿孔，导管-射线间纹孔式类似管间纹孔式。轴向薄壁组织翼状、少数聚翼状。木纤维壁甚厚，木射线非叠生，有时局部呈整齐斜列，多列射线宽 2～4 细胞；射线组织同形多列，细胞内多含树胶，如图 3-25、图3-26 所示。

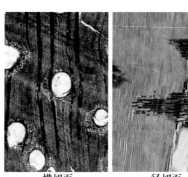
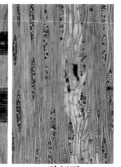

横切面　　　径切面　　　弦切面

图 3-25　圆盘豆宏观构造图　　　　图 3-26　圆盘豆微观构造图

2. 主要性质

圆盘豆（拉丁名：*Cylicodiscus* spp.）含羞草科，圆盘豆属树种，主产于尼日利亚、加纳、加蓬及刚果的热带雨林地区，气干密度大于 1.0g/cm³。结构细而均，强度高，耐腐性强，抗蚁蛀，抗海生钻木动物危害，耐候性和耐磨性好。

3. 主要用途

圆盘豆主要用于地板、桩柱、桥梁及造船等。用圆盘豆做成的地采暖用实木地板，其金黄色或褐色的直条状纹理，具有很好的油性和光泽度，给人一种温馨、轻松以及愉悦的感觉，而且特别耐看，被业内人士称为"第二眼美女"，如图 3-27 所示。

图 3-27　圆盘豆地采暖用实木地板装饰效果图

3.3　尺寸稳定性评价

3.3.1　不同树种地采暖用实木地板的尺寸稳定性

普通实木地板用在地采暖环境时，由于地板铺设在地面供暖系统上，地板与热源距离很小，地板承受环境相对恶劣，容易出现翘曲、变形及开裂等缺陷。因此，地采暖用实木地板对材种要求较高，不是所有的材种都能用作地采暖用实木地板。目前主要以进口北美、新西兰以及非洲等地优质高档材种为主，不同材种其干缩湿胀特性各异。国家标准《地采暖用实木地板技术要求》GB/T 35913—2018 列举了国内外部分适用地采暖用实木地板木材树种名称，如亚花梨、香脂木豆、柚木、番龙眼以及印茄木等。而对于标准外企业生产较多的适用于地采暖的实木地板部分用材，如朴木、樱桃木、山核桃、黑胡桃以及美国红橡和国产栎木干缩和湿胀性能的研究较少。通过对 6 个材种进行不同树种以及同一树种不同的径向或弦向的干缩湿胀性能进行比较研究，有利于根据不同树种的干缩湿胀特性对地采暖用实木地板合理的加工锯解及科学的铺装使用提供指导，对防止地采暖用实木地板变形及探究其变形的原因具有一定的指导意义。

1. 材料与方法

根据市场调研地采暖用实木地板的生产和市场经销现状，并结合企业实践经验，柚木、番龙眼、印茄木等材种的材质优良，具有较好的稳定性，能够用于地采暖环境。我们选取了适合试验用材 6 种，如表 3-2 所示。试验材料为地板坯料，由久盛地板有限公司提供，然后将试验材料加工成 20mm×20mm×20mm 的小样，每个树种选取 30 个标准小样。

表 3-2　试验材料

树种	拉丁名	产地	科名	属名	气干密度/g/cm³
红橡	*Ouercus rubra*	美国	壳斗科	麻栎属	0.67
栎木	*Ouercus robur*	中国	壳斗科	麻栎属	0.65
朴木	*Celtis occidentalis*	美国	榆科	朴属	0.63
樱桃木	*Prunus serotina*	美国	蔷薇科	李属	0.63
山核桃	*Carya cathayensis Sarg*	北美	胡桃科	山核桃属	0.82
黑胡桃	*Juglans Nigra*	北美	胡桃科	胡桃属	0.64

参照国家标准《木材物理力学实验方法总则》GB/T 1928—2009、《木材干缩性测定方法》GB/T 1932—2009 以及《木材湿胀性测定方法》GB/T 1934.2—2009，将每个材种试样分为两组，一组将试样浸泡至饱水，然后气干至平衡，再烘至绝干，测定不同树种的径向、弦向以及体积的尺寸变化，计算各个材种的干缩率。同时，另一组将试样先烘至绝干，然后放置于温度（20±2）℃，相对湿度（65±3）％的条件下吸湿至尺寸稳定，再将试样浸泡水中至饱水状态，测定不同材种的径向、弦向以及纵向的尺寸变化，计算各材种的湿胀率。

2. 结果与讨论

（1）不同树种地采暖用实木地板干缩性能研究

木材径向和弦向干缩率反映的是木材的线干缩率，为了全面了解木材的干缩性，除了测量木材径向和弦向干缩的尺寸变化，还测量了木材顺纹方向干缩的尺寸变化，用体积干缩率来反映木材的体积干缩性，6 个材种地板气干状态下线干缩率以及体积干缩率如图 3-28 所示。6 个材种地板全干状态下线干缩率以及体积干缩率如图 3-29 所示。

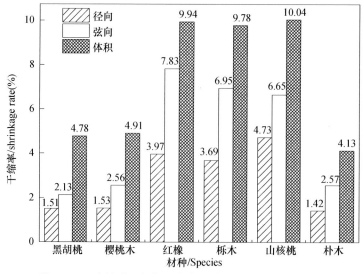

图 3-28　6 个材种地板气干状态下线干缩率及体积干缩率

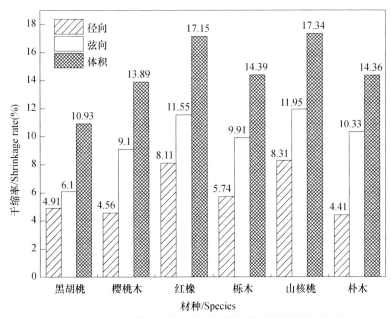

图 3-29　6 个材种地板全干状态下线干缩率及体积干缩率

由图 3-28 和图 3-29 可以看出，6 个材种在气干状态和全干状态下，其径向、弦向干缩率及纵向的体积干缩率存在显著的差异。无论在气干状态下还是全干状态下，6 个材种均表现为弦向干缩率大于径向干缩率，而体积干缩率大于径向和弦向干缩率，为最大。6 个材种在不同方向的干缩率结果表明，在同一环境条件下，径向板的耐热尺寸稳定性要优于弦向板的耐热尺寸稳定性，这一结果与前人的研究结果相似。此外，6 个材种的径向、弦向及体积全干干缩率均大于气干干缩率。在气干状态下，6 个材种在径向、弦向干缩率差值从大到小分别为红橡、栎木、山核桃、朴木、樱桃木和黑胡桃，其差值分别为 3.86、3.26、1.92、1.15、1.03 和 0.62，特别是红橡和栎木，其差值将近达到 50%，说明其径向板的尺寸稳定性明显优于弦向板的尺寸稳定性。

图 3-30 为 6 个材种地板不同方向气干状态下线干缩率及体积干缩率。由图可知，在气干状态下，对于径向板而言，朴木的干缩率最小，为 1.42%，黑胡桃次之，为 1.51%，樱桃木为 1.53%，栎木为 3.69%，红橡为 3.97%，山核桃干缩率最大，为 4.73%，这表明 6 个材种中朴木的径向耐热尺寸稳定性较好，其次是黑胡桃和樱桃木，较差的为山核桃。在气干状态下，对于弦向板而言，黑胡桃的干缩率最小，为 2.13%，樱桃木次之，为 2.56%，朴木和樱桃木相近，为 2.57%，山核桃为 6.65%，栎木为 6.95%，红橡干缩率最大，其值为 7.83%，这表明 6 个材种中黑胡桃的弦向耐热尺寸稳定性相对较好，其次是樱桃木和朴木，红橡的耐热尺寸稳定性较差。

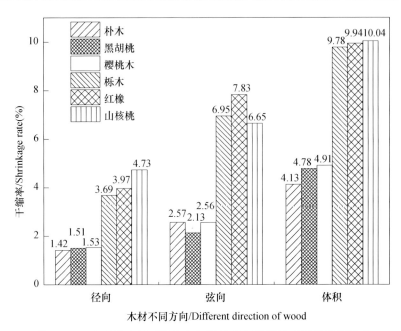

图 3-30　6 个材种地板不同方向气干状态下线干缩率及体积干缩率

（2）不同树种地采暖用实木地板湿胀性能研究

跟木材的干缩率一样，木材的径向和弦向湿胀率反映的是木材的线湿胀率，纵向湿胀率反映的是木材的体积湿胀性，6 个材种在饱水状态下及气干状态下径向、弦向线湿胀率和体积湿胀率见图 3-31 和图 3-32。由图可以看出，6 个材种在气干状态下和饱水状态下的线湿胀率和体积湿胀率各异。饱水状态下的径向和弦向线湿胀率及体积湿胀率均大于气干状态下的径向和弦向线湿胀率及体积湿胀率。而且，无论在气干状态下还是饱水状态下，均表现为体积湿胀率最大，径向线湿胀率大于弦向线湿胀率，同样证实了在同一环境条件下，木材的径向耐湿尺寸稳定性要优于弦向耐湿尺寸稳定性。在气干状态下，6 个材种在径向和弦向线湿胀率的差值从大到小分别为黑胡桃、栎木、山核桃、红橡、樱桃木和朴木，差值分别为 0.49，0.58，0.67，0.79，0.97 和 1.26。其中，朴木径向和弦向差异最明显，二者差值将近 50%，说明朴木径向板的尺寸稳定性明显优于弦向板的尺寸稳定性。

图 3-33 为 6 个材种地采暖用实木地板不同方向气干状态下线湿胀率及体积湿胀率。由图可知，在气干状态下，对于径向板而言，樱桃木的湿胀率最小，为 1.41%，朴木的湿胀率和樱桃木相近，为 1.42%，其次是栎木，为 1.51%，黑胡桃略大于栎木，为 1.53%，山核桃为 1.68%，红橡湿胀率最大，为 2.34%，这表明 6 个材种中樱桃木和朴木的径向耐湿尺寸稳定性较好，其次是黑胡桃和栎木，红橡的耐湿尺寸稳定性较差。在气干状态下，对于弦向板而言，

黑胡桃的湿胀率最小，为 2.02%，栎木次之，为 2.09%，山核桃和樱桃木相近，分别为 2.35% 和 2.38%，朴木为 2.68%，红橡湿胀率最大，其值为 3.13%，这表明 6 个材种中黑胡桃的弦向耐湿尺寸稳定性较好，其次是栎木，红橡较差。这一结果与干缩率的结果相似。

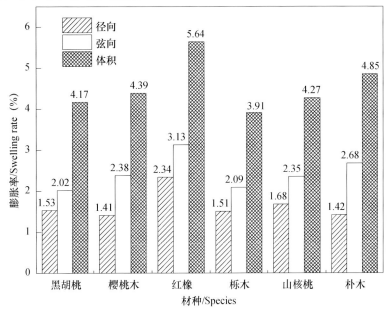

图 3-31　6 个材种地板气干状态下线湿胀率及体积湿胀率

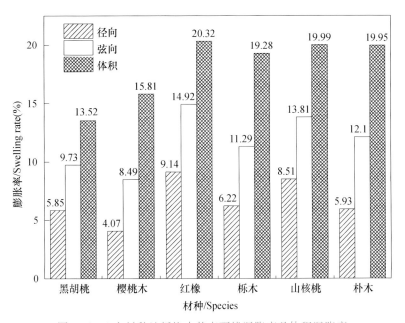

图 3-32　6 个材种地板饱水状态下线湿胀率及体积湿胀率

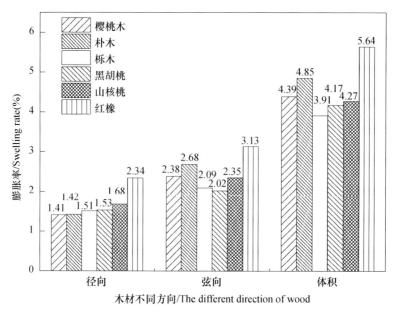

图 3-33　6 个材种地板不同方向气干状态下线湿胀率及体积湿胀率

木材本身具有干缩湿胀的特性，依据 6 个材种的干缩湿胀特性可知，黑胡桃和樱桃木材种的稳定性相对较好，做成地采暖用实木地板的尺寸稳定性相对较好。由于 6 个材种均表现为径向板的干缩湿胀率小于弦向板的干缩湿胀率，对于稳定性稍差的材种建议在加工成地采暖用实木地板时应尽量加工成径向板，特别是栎木和红橡。在地板的安装过程中，尽量保证使用环境与地板的干缩湿胀性相适应，并注意径、弦板的干缩湿胀不同，合理选择径切板和弦切板进行施工，同时依据其干缩湿胀率的大小计算预留空间的大小，防止外界环境温湿度的变化而引起地板干缩出现离缝或湿胀导致起拱等缺陷，使地采暖用实木地板的变形降至最低。

3. 小结

本节通过对 6 个材种在气干状态和绝干状态下的径向、弦向及体积干缩和湿胀率进行比较分析，对地采暖用实木地板的加工锯解及铺装使用具有一定的实际指导意义。得出主要结论如下：

（1）6 个材种在气干状态下，无论径向板还是弦向板，均表现为黑胡桃、朴木、樱桃木的耐热尺寸稳定性相对较好，栎木、红橡、山核桃的耐热尺寸稳定性相对较差。黑胡桃弦向板的耐湿尺寸稳定性相对较好，樱桃木径向板的耐湿尺寸稳定性较好，而红橡径向板和弦向板的耐湿尺寸稳定性稍差于其他 5 个材种。

（2）不同材种的径向、弦向及体积干缩率和湿胀率存在较大的差异，6 个材种均表现为体积干缩率和湿胀率为最大，径向干缩率和湿胀率较弦向小，说明径向板的尺寸稳定性要优于弦向板的尺寸稳定性。建议在加工成地采暖用实木地板时尽量加工成径切板，特别是栎木和红橡，弦向板的干缩率基本为径向板的2倍。此外，6个材种的干缩湿胀特性各异，应根据各个材种干缩湿胀的大小合理控制地板的含水率，根据径、弦板干缩湿胀的不同，在安装的过程中控制好各个材种及径、弦板安装的松紧程度，计算好预留伸缩缝，使地板的变形减少到最低程度。

3.3.2　使用环境对地采暖用实木地板尺寸稳定性影响

地采暖用实木地板因其天然美观、脚感舒适和节能环保等优势而被广大消费者所喜爱，需求量越来越高。然而，由于木材自身的干缩湿胀特性，实木地板用在地采暖环境时，其采暖期以及回潮期的温湿度变化，易导致地采暖用实木地板发生收缩或膨胀，以致出现翘曲及变形等缺陷，影响地采暖用实木地板的使用性能。

在实际生活中，地采暖用实木地板受潮膨胀引起地板变形一直是消费者关心的问题。南方梅雨季节、不慎水洒地板以及水管爆裂漏水等情况的发生，都容易使地板受到影响，造成地板起鼓、边缘膨胀等，影响其正常使用。然而，对地采暖用实木地板在受潮、泡水等情况下的耐水性问题的研究报道较少。因此，有必要对地采暖用实木地板抵抗泡水等水侵蚀能力的大小以及平衡处理后的恢复率进行研究，解决消费者关心的实际问题。因此，本节重点研究采暖期和回潮期环境温湿度以及水侵蚀地板等时地采暖用实木地板的尺寸变化情况。

1. 材料与方法

（1）试验材料

试验材料为久盛地板有限公司提供的红橡、黑胡桃、朴木、栎木、山核桃及樱桃木6个材种的地采暖用实木地板，所有试样均为经过二次干燥、锁扣连接工艺及油漆饰面的成品地采暖用实木地板。

（2）试验仪器

HS-225恒温恒湿箱（南京泰特斯试验设备有限公司生产），温度测量范围为0～100℃，精度为±0.1℃，相对湿度测量范围为20%～98%，精度为±0.3%，千分尺。DHG-9023A电热鼓风干燥箱（上海一恒科学仪器有限公司）温度控制范围10～250℃，精度±0.1℃。

（3）试验方法

① 模拟环境温湿度的设置

以表3-3中两种环境温湿度参数，对6个材种的地采暖用实木地板进行处理。模拟环境1采用恒温恒湿箱进行，模拟环境2采用改造的电热鼓风干燥箱。

每个树种选取 12 片，每 48h 测量一次宽度尺寸，直至达到平衡状态，即两次测量尺寸差小于 0.02mm，计算收缩率和膨胀率，结果取其平均值。参照国家标准《地采暖用实木地板技术要求》GB/T 35913—2018 中 6.2.1 与 6.2.2，计算试样的收缩率和膨胀率，精确到 0.01%。

表 3-3　地采暖用实木地板试验环境的温湿度参数

编号	温度/℃	湿度/%	模拟环境条件
1	25	25	北方冬季采暖期
2	28	80	南方梅雨季节

② 水浸泡地板的试验方法

将所有试样置于温度（20±2）℃、湿度（65±5）%的环境下处理至尺寸稳定，然后，从每块试样上截取 150mm×50mm×20mm 的小试样，每个材种截取 6 块，分别浸泡 12h，24h，36h，40h，44h，48h，测量试样宽度和厚度吸水后的膨胀率。然后将测试完膨胀率的试样置于温度（20±2）℃、湿度（65±5）%的环境下处理 48h，96h，144h，192h，240h，288h，分别测定处理后试样的宽度和厚度值，计算其宽度和厚度的变化率，即试样的恢复率。

2. 结果与讨论

（1）不同温湿度的采暖用实木地板尺寸稳定性

表 3-4 为试样在两种模拟温湿度环境条件下进行处理、平衡后 6 个材种的尺寸达最大值时其收缩率和膨胀率。

表 3-4　不同材种地采暖用实木地板的收缩率和膨胀率

树种	红橡	朴木	栎木	樱桃木	黑胡桃	山核桃
收缩率	0.69±0.19	1.05±0.2	0.67±0.17	0.71±0.14	0.67±0.21	0.86±0.15
膨胀率	0.38±0.13	0.5±0.18	0.36±0.21	0.42±0.19	0.34±0.12	0.53±0.23

图 3-34 为 6 个材种地采暖用实木地板在采暖期尺寸的变化情况，从图中可以看出，朴木的曲线变化幅度较大，即尺寸变化较为明显，在第 14 天时收缩达到最大值，随后趋于平衡，此时收缩率最大为 1.05%。栎木在第 14 天到第 16 天内达到平衡，收缩率达最大值，即 0.67%，随后又有略微上升的趋势，即尺寸略有恢复。山核桃、樱桃木和黑胡桃的曲线变化幅度接近，在第 16 天相继达到平衡状态，收缩率分别为 0.86%，0.71%，0.67%。红橡和朴木在最初的 2 天，尺寸变化趋势大致相同，之后朴木的尺寸收缩率明显大于红橡。在第 12 天到第 14 天内，6 个材种的收缩率相继达到最大，根据表 3-4，6 个材种在采暖期受温湿度变化，其收缩稳定性从优到差依次为黑胡桃、栎木、红橡、樱桃木、山核桃以及朴木。

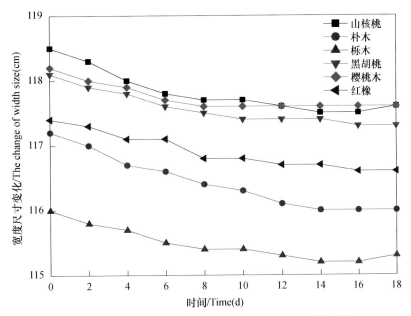

图 3-34　6 个材种地采暖用实木地板在采暖期尺寸的变化

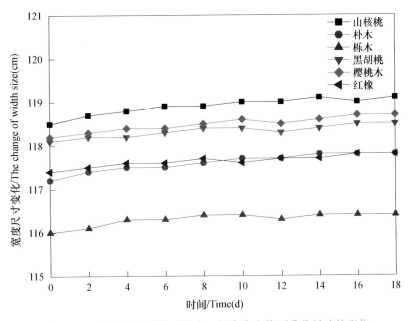

图 3-35　6 个材种地采暖用实木地板在南方梅雨季节尺寸的变化

图 3-35 为 6 个材种地采暖用实木地板在南方梅雨季节尺寸的变化情况，从图中可以看出，山核桃的曲线变化幅度较大，即尺寸变化较为明显，在第 18 天时膨胀达到最大值，此时膨胀率最大为 0.53％。黑胡桃的变化曲线降幅最小，即膨胀最小，膨胀率最小值为 0.34％。栎木同样在第 14 天到第 16 天内达到平衡，膨胀率达最大值，即 0.36％，随后趋于稳定。红橡和朴木在最初的 9 天，尺寸变化大致相同，随后朴木的尺寸变化曲线略大于红橡，即红橡的稳定性优于朴木。在第 14 天到第 16 天内，6 个材种的膨胀率相继达到最大，根据表 3-4，6 个材种在南方梅雨季节受温湿度变化，其膨胀稳定性从优到差依次为黑胡桃、栎木、红橡、樱桃木、朴木、山核桃。正如前人的研究结果证明二次干燥工艺并未改变木材本身的特性，各个材种自身的材性同样是重要的影响因素。由此建议可对材质相对不稳定的材种进行高温热处理、乙酰化处理等来提高其自身的尺寸稳定性，并在使用过程中合理调控环境温湿度，进而减缓环境温湿度对其尺寸稳定性的影响。

2. 不同泡水时间地采暖用实木地板尺寸稳定性

表 3-5 和图 3-36 所示是不同泡水时间 6 个材种地板宽度膨胀率。由图表可知，泡水时间对不同树种宽度膨胀率的影响趋势大体相同，随着泡水时间的增加而呈上升的趋势。泡水时间在 12～36h 内，6 个材种的宽度膨胀率均随着泡水时间的增加而呈现较为显著的上升趋势。在泡水时间超过 36h 之后，宽度膨胀率的增幅较小，即泡水时间的继续增加对宽度膨胀率的影响明显减小，逐渐趋于平稳。

表 3-5　不同泡水时间 6 个材种宽度膨胀率

时间/h	宽度变化率/％					
	黑胡桃	红橡	樱桃木	栎木	山核桃	朴木
12	0.86	1.21	1.81	0.77	2.12	1.47
24	1.02	1.54	2.39	1.21	3.17	2.32
36	1.27	1.93	3.13	1.48	4.13	2.77
40	1.36	2.01	3.29	1.56	4.51	2.93
44	1.5	2.16	3.37	1.61	4.67	3
48	1.52	2.23	3.4	1.63	4.78	3.03

然而，泡水对不同材种宽度膨胀率的影响又存在一定的差异。由图 3-36 可知，泡水对山核桃宽度膨胀率的影响最大，在泡水 48h 之后，宽度膨胀率达到 4.78％。泡水对樱桃木、朴木和红橡宽度膨胀率的影响表现为樱桃木的宽度膨胀率大于朴木，朴木的宽度膨胀率大于红橡，且均小于对山核桃的影响，泡水

时间均在 44h 左右达最大值，之后趋于稳定。泡水对黑胡桃和栎木宽度膨胀率的影响较小，同样是在 44h 左右达到最大值，之后逐渐趋于稳定。

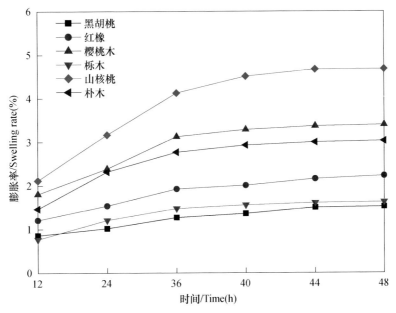

图 3-36　不同泡水时间材种宽度膨胀率的变化曲线

图 3-37 和表 3-6 所示是泡水时间对不同材种厚度膨胀率的影响。由图表可知，泡水时间对不同树种厚度膨胀率的影响趋势大体相同，随着泡水时间的增加而呈上升的趋势。泡水时间在 12~24h 内，6 个材种的厚度膨胀率均随着泡水时间的增加而呈现较为显著的上升趋势。在泡水时间超过 24h 之后，厚度膨胀率的增幅较小，即泡水时间的继续增加对厚度膨胀率的影响明显减小，逐渐趋于平稳。

表 3-6　不同泡水时间 6 个材种厚度膨胀率

时间/h	厚度变化率/%					
	黑胡桃	红橡	樱桃木	栎木	山核桃	朴木
12	2.64	4.84	3.36	2.27	4.92	2.11
16	3.11	5.31	3.76	2.87	5.72	2.42
20	3.45	5.52	4.21	3.28	6.17	2.72
24	3.96	5.75	4.61	3.46	6.41	3.12
28	4.21	5.77	4.7	3.48	6.57	3.13
32	4.29	5.77	4.7	3.48	6.63	3.13

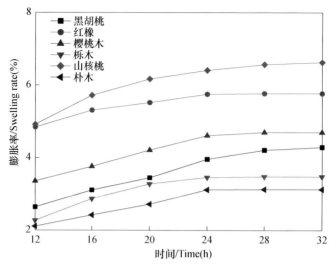

图 3-37　不同泡水时间材种厚度膨胀率的变化曲线

然而，泡水对不同树种厚度膨胀率的影响也存在一定的差异。由图 3-37 可知，泡水对山核桃厚度膨胀率的影响同样为最大，在泡水 32h 之后，厚度膨胀率达到 6.63%。泡水对红橡厚度膨胀率的影响略小于对山核桃的影响，泡水时间均在 28h 左右达到最大值，厚度膨胀率为 5.77%，之后趋于稳定。泡水对樱桃木、黑胡桃、栎木和朴木宽度膨胀率的影响表现为樱桃木大于黑胡桃，黑胡桃的厚度膨胀率略大于栎木，栎木的厚度膨胀率略大于朴木，均在 28h 左右达到最大值，之后逐渐趋于稳定。

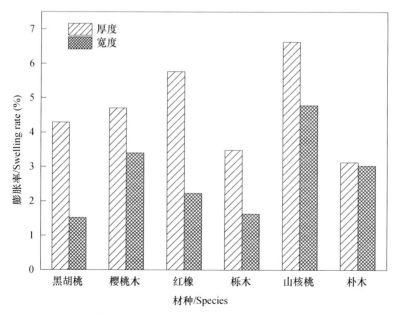

图 3-38　6 个材种泡水后不同方向变化率

图 3-38 为 6 个材种在泡水之后宽度和厚度方向的变化率。由图可知，6 个材种均表现为厚度方向的膨胀率大于宽度方向，不同材种宽厚膨胀率差值从大到小分别为红橡、黑胡桃、栎木、山核桃、樱桃木和朴木，差值分别为 3.54，2.77，1.85，1.75，1.3 和 0.1，说明在受潮或泡水的情况下，厚度方向的变形较宽度方向严重，更容易出现起鼓等缺陷，尤其是红橡，厚度方向与宽度方向的膨胀率差异更明显，栎木和山核桃在厚度和宽度方向的膨胀率差值相近，朴木在厚度和宽度方向的膨胀率差值较小。

图 3-39 和表 3-7 所示是测试完泡水宽度膨胀率的地板试件，在温度 (20±2)℃、湿度 (65±5)% 环境下处理 48h、96h、144h、192h、240h 和 288h 后的宽度变化率。从图 3-39 可知，不同材种地板试件的宽度变化率均随着处理时间的延长而呈下降趋势，且在处理 240h 左右，6 个材种地板试件的宽度逐渐趋于稳定，即随着处理时间的继续增加，宽度方向的变化逐渐减小，最后基本达到稳定状态。

表 3-7　泡水时间对不同材种宽度膨胀率

泡水时间/h	宽度恢复率/%					
	黑胡桃	红橡	樱桃木	栎木	山核桃	朴木
48	1.21	2.21	2.65	1.26	4.32	2.82
96	1.05	2.11	2.43	0.92	3.69	2.56
144	0.89	1.94	2.2	0.66	3.38	2.12
192	0.69	1.82	1.99	0.54	2.16	1.87
240	0.69	1.76	1.68	0.54	2.93	1.58
288	0.69	1.76	1.62	0.54	2.93	1.56

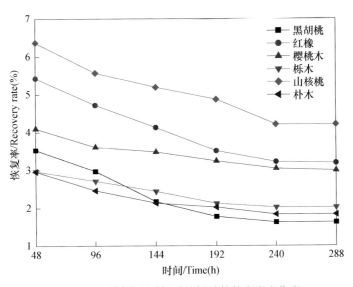

图 3-39　不同处理时间后地板试件的宽度变化率

通过比较不同材种试样的宽度膨胀率，我们不难发现，经泡水后宽度膨胀率不同的地板试样，其宽度恢复率的变化也不相同。泡水 48h 之后宽度膨胀率为 4.32％ 的山核桃，经过 10 天（240h）左右的处理达到平衡，其宽度变化率为 2.93％。泡水 48h 之后宽度膨胀率分别为山核桃 2.23％、樱桃木 3.4％、朴木 3.03％，经过 12 天（288h）左右的处理后达到平衡，其宽度变化率大致相同，分别为 1.68％，1.62％ 和 1.56％。而泡水 48h 之后宽度膨胀率相对较小的黑胡桃（1.52％）和栎木（1.63％），经过 8 天（192h）左右的处理达到平衡，其宽度变化率也相对较小，分别为黑胡桃 0.69％ 和栎木 0.54％。经过平衡处理后，栎木的宽度变化率最小，为 0.54％。所选试样宽度为 50mm，其平衡恢复后与泡水前地采暖用实木地板的离缝差最大值为 0.27mm，符合国家标准 GB/T 35913—2018《地采暖用实木地板技术要求》拼装离缝最大值（≤0.4mm）要求，能满足使用要求。黑胡桃在平衡恢复后与泡水前地采暖用实木地板的高低差最大值为 0.35mm，同样满足使用要求。而红橡、樱桃木、山核桃和朴木在平衡恢复后与泡水前地采暖用实木地板的离缝最大值均大于 0.4mm，说明这 4 种地板在使用时，经泡水后即使平衡处理，地板间也会有明显的离缝，影响地板的使用。

图 3-40 和表 3-8 所示是测试完泡水厚度膨胀率后的地板试件，在温度（20±2）℃、湿度（65±5）％ 环境下处理 48h、96h、144h、192h、240h 和 288h 后的厚度变化率。从图 3-40 可知，随着处理时间的延长，不同材种地板试件的厚度变化率均呈下降趋势，且在处理 240h 左右，6 个材种地板试件的宽度逐渐趋于稳定，即随着处理时间的继续增加，厚度方向的变化逐渐减小，最后基本达到稳定状态。

表 3-8　泡水时间对不同材种厚度变化率

泡水时间/h	厚度变化率/％					
	黑胡桃	红橡	樱桃木	栎木	山核桃	朴木
48	3.53	5.43	4.1	2.97	6.37	2.96
96	2.97	4.72	3.61	2.71	5.57	2.46
144	2.17	4.13	3.48	2.44	5.19	2.13
192	1.77	3.51	3.24	2.12	4.87	2.02
240	1.59	3.22	3.04	2.02	4.21	1.83
288	1.59	3.19	2.99	2.02	4.21	1.83

通过比较不同材种试样的厚度变化率，我们不难发现，经泡水后厚度膨胀率不同的地板试样，其厚度恢复率的变化同样也不相同。泡水 32h 之后厚度膨胀率为 6.63％ 的山核桃，经过 10 天（240h）左右的处理后达到平衡，其厚

度变化率为 4.21%。泡水 28h 之后厚度膨胀率分别为樱桃木 4.7%、红橡 5.77%，经过 12 天（288h）左右的处理后达到平衡，其厚度变化率大致相同，分别为 2.99% 和 3.19%。而泡水 32h 之后厚度膨胀率相对较小的黑胡桃 (4.29%)、朴木 (3.13%) 和栎木 (2.02%)，经过 8 天（192h）左右的处理达到平衡，其厚度变化率也相对较小，分别为黑胡桃 1.59%、朴木 1.83% 和栎木 2.02%。

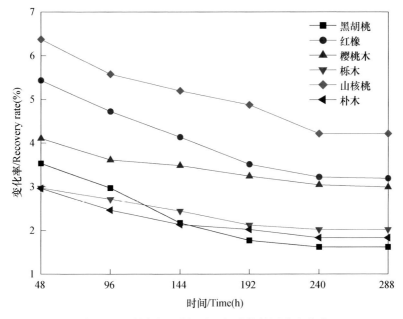

图 3-40　不同处理时间后地板试件的厚度变化率

如图 3-41 为 6 个材种在温度（20±2）℃、湿度（65±5）% 环境下平衡处理后地板试件的宽度和厚度变化率。由图可知，在温度（20±2）℃、湿度（65±5）% 环境下进行平衡处理，6 个材种均表现为厚度方向的变化率较大，且大于宽度方向的变化率，不同材种变化率差值从大到小分别为栎木、红橡、樱桃木、山核桃、黑胡桃和朴木，差值分别为 1.48，1.43，1.37，1.28，0.93 和 0.27，说明在受潮或泡水变形后，厚度方向的恢复率较宽度方向困难，尤其是栎木和红橡，宽度方向与厚度方向的变化率差异更明显，朴木在厚度和宽度方向的变化率差值较小。

经过平衡处理后，黑胡桃的厚度变化率最小，为 1.59%。所选试样厚度为 20mm，其平衡恢复后与泡水前地采暖用实木地板的高低差最大值为 0.32mm，不符合国家标准《地采暖用实木地板技术要求》GB/T 35913—2018 拼装高度差最大值（≤0.3mm）要求，不能满足使用要求。而栎木、红橡、樱桃木、山核桃和朴木在平衡恢复后与泡水前地采暖用实木地板的高低差最大值均大于

0.3mm，说明泡水对地采暖用实木地板厚度膨胀率影响较大，泡水后即使经过平衡处理，地板间也会有明显的鼓泡或翘曲，影响地板的使用。

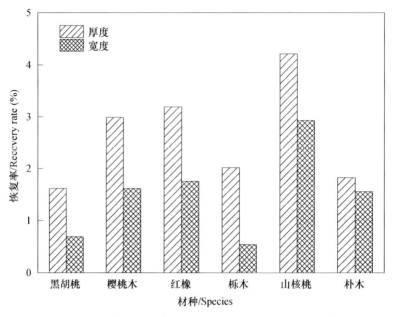

图 3-41　6 个材种平衡处理后地板试件不同方向变化率

3. 小结

本节通过研究采暖期和回潮期温湿度的变化及水侵蚀地板地采暖用实木地板的尺寸稳定性，得出如下结论：

（1）无论采暖期还是回潮期，黑胡桃、红橡和栎木地采暖用实木地板的收缩率和膨胀率相对较小，尺寸稳定性较好。对于山核桃、朴木和樱桃木地采暖用实木地板，由于其收缩率和膨胀率相对较大，建议可对其进行高温热处理、乙酰化处理等来提高其自身的尺寸稳定性，并在使用过程中合理调控环境温湿度，进而减缓环境温湿度对其尺寸稳定性的影响。采暖期在第 12 天到 14 天，6 个材种地采暖用实木地板的收缩相继达到最大值，回潮期在第 14 天到 16 天，地采暖用实木地板的膨胀相继达到最大值，为地采暖用实木地板的进一步推广使用提供数据参考。

（2）泡水对 6 个材种宽度和厚度膨胀率均有一定的影响，具体表现为在泡水前期宽度和厚度方向的膨胀率均随泡水时间的延长而呈现较为显著的上升趋势，随着泡水时间的继续增加，增幅逐渐较小，最后趋于稳定，且厚度方向的膨胀率大于宽度方向的膨胀率。

（3）平衡处理后，栎木的宽度变化率最小，其值为 0.54%，平衡恢复后与泡水前地采暖用实木地板的离缝差最大值为 0.27mm，满足使用要求，黑胡桃的宽度变化率为 0.69%，平衡恢复后与泡水前地采暖用实木地板的离缝差最大值为 0.35mm，同样满足使用要求。而红橡、樱桃木、山核桃及朴木离缝差大于 0.4mm，平衡恢复后也不能满足使用要求，影响地板使用。平衡处理后，黑胡桃的厚度变化率最小，其值为 1.59%，平衡恢复后与泡水前地采暖用实木地板的拼装高度差最大值为 0.32mm，大于 0.3mm，不能满足使用要求。而红橡、樱桃木、山核桃、朴木及栎木拼装高度差均大于 0.3mm，平衡恢复后也不能满足使用要求，影响地板使用。

4 地采暖用实木地板生产工艺

地采暖用实木地板属于实木地板品类中的高端产品。普通的实木地板直接机械加工而成，由于木材自身干缩湿胀特性，用在地暖系统上很容易出现开裂、变形及翘曲等缺陷。地采暖用实木地板首先经过含水率平衡及长时间养生来确保板材的稳定性，然后经过片检分等、含水率片检、精度检测、素板分色、油漆涂装线多处片检及成品分色等几十道生产工序，确保地采暖用实木地板的质量。此外，地采暖用实木地板需要经过特殊处理工艺，如高温热处理、乙酰化及表面密实化等，保证其尺寸的稳定性，使其能够适用于地暖环境的实木地板，这也是地采暖用实木地板区别于普通实木地板的关键所在。

4.1 坯料加工

4.1.1 原木挑选

地采暖用实木地板受到材种的限制，只有少数稳定性好的材种可用于地暖。原木挑选是地采暖用实木地板坯料加工的首要工序。地采暖用实木地板的原材主要依赖于进口北美、俄罗斯及非洲等地优质高档的名贵木材，它们来源于原始森林里上百年的材种，漫长的成材时间赋予其出色的材质，得天独厚的地域气候使其更加密实、性能更加稳定。确保每一块实木地板都来自合法开采的森林资源，保证了优质原材的持续供应。为实现地板材全优配置，还要对优质原材层层筛选，摒弃有缺陷的原材，真正做到只选最优。由此生产的地采暖用实木地板不仅天然环保，颜色和纹理美观，密度和硬度及其稳定性相对较高，耐磨性及防潮耐热性较好，而且使用寿命可达百年以上。

4.1.2 坯料锯解

地采暖用实木地板用材多为珍贵木材，材质重硬，加工难度极高。既要有高精度的加工设备，又需要操作人员具有精湛的技术水平和高超的经验才能。由于木材天然缺陷的存在以及原木径级的不同，需要严格控制尺寸规格，合理确定加工余量，选择合适的下锯方法，确保地板坯料锯解质量及出材率，严禁不合格的半成品进入下道工序。此外，由于径切板和弦切板存在差异，即径切板材收缩小，不易翘曲，木纹挺垂，牢度也较好，弦切板较美观但易翘曲变形，应根据实际情况合理地锯切。

加工余量的大小与木材的材种、微观构造、含水率、设备加工精度及木材纹理等因素有关。地板坯料要经过六面加工，被刨切坯料越长、越宽，其加工余量越大。另外，企口地板和平口地板还有榫头之差，所以定加工余量时要综合考虑上述要求进行全面考虑。

坯料锯解主要使用的设备是带锯机。由于所选原木径级较大，原木运到坯料加工车间后，首先要进行原木截断，然后将短原木进行剖料，常采用三面下锯法，如图 4-1 所示，将木段剖成与地板坯料宽度等尺寸的厚板。一般要求坯料较成品基材厚度大 2～3mm。

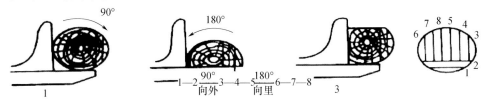

图 4-1 三面下锯法锯解顺序图

4.1.3 坯料分选

由于木材固有缺陷的存在，需要按规格等级对加工出的地板坯料进行严格的检验分类，通过片检，剔除不良缺陷的坯料。

4.1.4 坯料保管

将分选后的坯料端头封蜡、码垛，进行下一步的干燥处理。

封蜡是为了对地采暖用实木地板防水、防潮。封蜡工序必须掌握好蜡的温度和坯料端头浸入的深度。一般来说，手工蘸蜡蜡层越薄越好，因为蜡层越厚，既浪费蜡，又不利于干燥后的切削加工。要达到蜡层薄的目的就必须使蜡温达到规定温度，温度低石蜡就黏稠，同时在坯料表面冷却固化快，使蜡层变厚，不利于封蜡。

4.2 木材干燥

木材干燥的过程就是木材中水分蒸发的过程。干燥是保证地采暖用实木地板品质的关键，也是地采暖用实木地板生产加工的重要工序之一。

目前，木材人工干燥方法主要有常规蒸汽干燥、真空干燥、除湿干燥、太阳能干燥、微波干燥以及联合干燥等几种。在实际生产中，地采暖用实木地板一般采用常规蒸汽干燥方法进行干燥，根据树种、厚度、含水率及数量等条件制定干燥基准，确定各阶段干燥介质的温度、湿度和时间等工艺参数，确保干燥的均匀性。

地采暖用实木地板从原材料的砍伐到加工成地板要经历一系列的含水率变化，如果干燥环节处理不当会导致实木地板翘曲开裂、腐朽霉变、变色及虫蛀等干燥缺陷。用于地采暖环境的实木地板，由于要长期承受30℃以上的温度烘烤，干燥时间和温度的控制比普通实木地板要求更为严格。地采暖用实木地板采用低温、超长时间的干燥方法，不仅保持了木材天然的色泽和纹理等，而且保证干燥过程中木材内部水分均匀、连续地蒸发出来，可有效降低地采暖用实木地板开裂及变形的几率，达到节约木材，更好地利用木材资源的目的。

木材在干燥过程中会产生一定的干缩。木材是各向异性材料，其干缩量不仅与树种相关，就是同一块木材，纵向、弦向和径向的干缩性质也不同，纵向干缩极小，弦向干缩最大，径向干缩为弦向干缩的1/3～1/2。因此，在同一含水率阶段二者的差别越大，木材发生开裂的可能性也越大。若径向与弦向的干缩率差别在干燥初期就较大，木材容易发生表裂，在干燥中、后期二者差别还比较大时，木材易产生内裂。为避免上述现象的发生，在干燥工艺上就必须采取喷蒸处理。除此之外，还应该注意干缩余量处理问题，如果要生产18mm厚度的地板，其毛板的厚度约20～21mm厚，这样才能保证在毛板干燥后的厚度大于18mm。

4.2.1 选材

不同树种和厚度的锯材应分别干燥，木材数量不足窑时，允许将干燥特性相似且初含水率相近的树种同窑干燥；初含水率不同的锯材应分别干燥；除易表裂的树种外，应创造条件实行气干预干；不同材长的锯材应合理搭配，使材堆总长与窑长保持一致。

4.2.2 码垛

在进入干燥窑前，需要将坯料码垛，如图4-2所示，码垛时注意以下几点。

（1）应保证窑内气流合理循环，充分利用窑的容量，防止木材翘曲和断裂。

（2）材堆长、宽、高应符合干燥窑设计规定，木材数量不足一窑时，允许减小材堆宽度，但应保证材堆运行时稳定。

（3）对强制循环干燥窑，各层材料的侧边应靠紧，对自然循环干燥窑，应留出适当的垂直气道。

（4）整边锯材材堆侧边应平齐，毛边锯材材堆侧边应尽量平齐，材堆端部至少应使一端平齐。

（5）隔条应采用干木材制作。

（6）垫条间距：按树种、材长、材厚确定，一般为 0.5～0.9m，阔叶材及薄材应小一些，针叶树材及厚材可大一些，厚度 60mm 以上的针叶树材可以加大到 1.2m，特别易翘曲的锯材可取 0.3～0.4m。

（7）隔条断面尺寸：一般取 25mm×30mm～25mm×40mm，强制循环干燥窑也可取 20mm×30mm，自然循环干燥窑也可取 40mm×40mm，宽面应抛光。

（8）材堆上下各层隔条应保持在同一垂直线上。

（9）材堆端部隔条应与材堆平齐。

（10）材堆上部应加压重物或采用压紧装置，防止上部材料翘曲。

图 4-2　坯料码垛示意图

4.2.3　含水率检验板

（1）检验板的含水率和干燥特性应对被干锯材具有代表性。

（2）检验板尺寸：长度 0.8～1.2m，一般取 1m。厚度与被干锯材相同，宽度约等于被干锯材的平均宽度。

（3）检验板在距锯材端部不小于 0.3m 处选取。不应带有树皮、腐朽、大的节子、裂纹、髓心及应力木等缺陷。

（4）检验板一般取 4 块，分为含水率较高的弦切板 2 块、径切板 1 块，含水率较低的弦切板 1 块。含水率较高的 2 块弦切板，一般由心材或中间部分选取，边材宽的针叶材从边材选取，放在材堆干燥较慢部位或材堆内其他便于取出的部位，用作调节干燥基准的含水率标准；含水率较低的弦切板和含水率较高的径切板分别放在材堆干燥较快和较慢部位或材堆内其他便于取出的部位，用作终了平衡处理的含水率依据。

（5）初含水率和全干重的测定。

表 4-1 为我国各省（区）、直辖市木材平衡含水率值。

表 4-1　我国各省（区）、直辖市木材平衡含水率值

省（区）直辖市名称	平衡含水率（%）平均值	省（区）直辖市名称	平衡含水率（%）平均值
黑龙江	13.0	湖南	15.9
吉林	12.5	广东	15.2
辽宁	12.0	海南	16.4
新疆	9.5	广西	15.2
甘肃	10.3	四川	13.1
宁夏	9.6	贵州	15.8
陕西	12.8	云南	14.1
内蒙古	10.2	西藏	8.3
山西	10.7	北京	10.6
河北	11.1	天津	11.7
山东	12.8	上海	14.8
江苏	15.3	重庆	15.9
安徽	14.6	湖北	15.2
浙江	15.5	青海	10.0
江西	15.3	河南	13.5
福建	15.1	—	—

注：摘自 GB/T 15036.1—2009

4.2.4　干燥基准

干燥基准就是根据干燥时间和木材状态（含水率和应力）的变化而编制的干燥介质温度和湿度变化的程序表。在实际干燥过程中，干燥基准对木材干燥质量的优劣和干燥速度的快慢有决定性的影响。

1. 干燥基准的种类

按干燥过程控制方式的不同通常将干燥基准划分为含水率干燥基准、时间基准、干燥梯度基准和连续升温干燥基准等。实木地板干燥过程中采用的干燥基准主要有含水率干燥基准和干燥梯度基准。含水率干燥基准是根据木材的含水率来控制木材的干燥过程，制定介质参数的大小，即在整个干燥过程中按含水率阶段的幅度划分成几个阶段，并按阶段指定出相应的介质温度和湿度；干燥梯度基准是根据木材的厚度和干燥的难易程度以及不同含水率阶段木材水分

移动的不同性质来确定，以使干燥梯度在某一含水率阶段维持在一定的范围内，从而保证木材的干燥质量。为了便于人工操作，也有企业采用特殊的干燥基准，即在干燥过程中采用恒温干燥基准。

2. 干燥基准的制定

实木地板坯料干燥基准制定原则：

（1）实木地板坯料多为硬阔叶难干木材，干燥基准必须保证干燥过程中木材的干燥应力不超过在给定温度和含水率下的木材抗拉强度，以免开裂或皱缩。另外，干燥初期实木地板坯料含水率很高，且坯料表层水分很容易蒸发，因此，初期木材含水率梯度很大，表层受很大拉应力，为避免表裂，在干燥初期采用较低的温度和较高的湿度。

（2）干燥基准还应考虑实木地板的特殊要求。实木地板要求有较高的平整度，其弯曲、翘曲、侧弯及瓦弯等干燥变形应控制在允许的范围内，不允许开裂（包括表裂、内裂）等干燥缺陷。因此，干燥后期不宜采用高温和低湿。此外，实木地板的干燥基准应防止地板变色以及产生水印等。

（3）实木地板新树种的干燥基准需要制定时，在制定新干燥基准以前，需了解木材的性质、构造、物理力学性能以及干燥特性，特别是木材的基本密度、干缩系数等性质，并以材质相近的地板坯料的干燥基准作为参考。

制定干燥基准的方法有比较法、百度试验法和分析研究法。

3. 干燥基准的选择

选择干燥基准时，首先要根据被干地板坯料的树种进行考虑，其次要考虑初含水率和干燥质量要求。实木地板的干燥质量要求比较高，因此，通常要选择偏软的干燥基准。当被干坯料的树种、初含水率不同时，要以最难干燥的树种或含水率较高的坯料来选择基准。

根据被干实木地板坯料的干燥质量、干燥时间可以评价干燥基准性能，通常用以下三个指标评价干燥基准的使用效果。

（1）效率

用干燥延续时间的长短作为评价标准，在同一干燥窑内用两个不同的基准干燥同样的木材，在同样质量标准下，延续期短的效率高。

（2）安全性

保证木材不发生干燥缺陷的程度。用干燥过程中木材内存在的实际含水率梯度与应力大到使木材发生缺陷的含水率梯度的比值表示，比值越小，安全性越好。

（3）软硬度

在同一介质条件下，木材内水分蒸发的程度不同，当木材的树种、规格和干燥性能相同时，干湿球温差大和气流速度快的干燥基准为硬基准，反之为软基准。同一干燥基准对某一树种或规格的地板坯料是软基准，对另一规格或树种的地板坯料可能是硬基准。

4.2.5 装窑

材堆在装窑前，要进行干燥设备的检查，以保证干燥过程的正常进行，主要检查干燥窑封闭性、通风设备、供热和调湿设备、阀门管路、测控设备和仪表等，确保能正常使用；加热器阀门应逐渐打开，防止凝结水撞击加热器；加热器开动的最初几分钟内应通过疏水器的旁通管排除加热器及管道中的锈污；干燥过程中窑内实际温度不应超过规定值±2℃，干湿球温度差不超过规定值±1℃；定期称量检验板，保证及时调整基准，并检验干燥缺陷，发现问题应及时处理。

4.2.6 干燥过程

坯料的干燥过程分为预热处理、干燥处理、中间处理、平衡处理以及终了处理5个处理阶段。

1. 预热处理

木材干燥室启动后，在对实木地板坯料干燥前，首先进行预热处理，使木材在不蒸发水分的情况下热透。预热处理的目的是通过喷蒸使温湿度同时升高到要求的状态，并保持一定时间，让木材热透、温度均匀，防止木材开裂；消除木材在气干阶段形成的表面硬化和残余应力，减少干燥缺陷。

预热阶段干燥介质状态。

预热温度：应略高于干燥基准开始阶段温度3~5℃。硬阔叶材可高5℃，软阔叶材及厚度60mm以上的针叶树材可高至8℃，厚度60mm以下的针叶材可高至15℃。

预热湿度：新锯材，干湿球温度差为0.5~1℃，经过气干的木材，干湿球温度差以使窑内木材平衡含水率略大于气干时的木材平衡含水率为准。

预热时间：应以木材中心温度不低于规定的介质温度3℃为准。也可按下列规定估算：针叶材及软阔叶材夏季材每厚1cm约1h；冬季木材初始温度低于-5℃时，增加20%~30%。硬阔叶材及落叶松，按上述时间增加20%~30%。

预热前应对窑壳及窑内设备加热，防止水分凝结。

预热结束后，应使温度逐渐降低到相应阶段基准规定值。

2. 干燥处理

预热处理结束后，在确保干、湿球温差不超过2℃的前提下，缓慢降低干球温度（降温速度为每小时 0.5～1℃），当干球温度降至干燥第一阶段的温度后，即进入干燥第一阶段，之后可按给定的干燥基准表进行干燥。在干燥阶段中，必须注意各阶段之间干、湿球温度的过渡，干球温度升、降速度不得超过 0.5～1℃/h，湿球温度升、降速度不得超过 0.5～1℃/h。

实木地板坯料在干燥生产中，相对湿度是影响干燥质量最为重要的要素。因此，在各干燥阶段过程中，在升温时应注意不要快速拉开干、湿球温差，以免产生干燥缺陷。

在调节温湿度时应注意：适时开启和关闭进、排气道，以进行废气和新鲜空气的交换；不允许敞开进排气道，它既浪费热量，又使工艺偏离干燥基准；对周期式干燥窑要定期换向运转，以改变循环气流方向，提高干燥均匀度。

3. 中间处理

木材含水率降至纤维饱和点时，是木材发生应力和应变的时刻，因此，在干燥过程中，往往需要将干燥基准中断，暂时停止木材表面蒸发水分，对其进行喷蒸处理。这种在干燥过程中所进行的处理统称为中间处理。

中间处理的目的是使表层吸湿，调整表层和深层水分分布，削弱含水率梯度，使已经存在的应力趋于缓和，减少干燥缺陷，加速干燥过程，提高含水率均匀度。

中间处理次数：根据木材的材种、厚度和木材用途（即对干燥质量要求）和已存在的应力大小而定。如果干燥过程中检测板应力过大或发现有干燥缺陷时，应立即进行中间处理。

中间处理温度：等于或略高于干燥基准上相应阶段规定的温度，干燥中、后期处理温度可以高于干燥基准表上相应阶段的规定温度 3～5℃。

中间处理湿度：根据干燥介质不同，所采用中间处理的湿度也不同，可分为如下三个阶段。

（1）前期的中间处理：一般将木材含水率为 35% 以上的阶段称为干燥前期。此时木材表面的水分蒸发能力很强，所以必须用高湿手段使木材表面水分尽量不蒸发。因此，宜用相对湿度为 100%（干、湿球温差为 0℃）的介质进行湿度处理。

（2）中期的中间处理：一般将木材含水率为 25% 左右的阶段称为干燥中期。这时的木材表层含水率和应力状态与经过较长时间气干的木材相近。木材内部应力处于暂时平衡状态。此时介质的相对湿度可取 95% 左右（干、湿球温差约 1℃）。

（3）后期的中间处理：一般将木材含水率为 20% 以下的阶段称为干燥后期。此时木材的分层含水率状况与经过长期气干且越过应力暂时平衡阶段的木材相似，如不及时处理，可能发展到内裂的严重程度。此时木材表层含水率已很低，为避免表层过分吸湿，所以介质的相对湿度不能太高，一般为 90%～95%（干、湿球温差约 1~2℃）即可。

中间处理时间：与实木地板坯料树种有关系，一般为 6~10h，木材密度越小，预热处理时间越短，木材密度越大，处理时间越长。干燥中、后期处理时间可以适当延长至 8~12h。

在干燥过程中要随时不断了解地板坯料的含水率和应力变化情况，这样才能更好地控制地板坯料的干燥质量。因此，在地板坯料装窑时就要放置好含水率检验板和应力检验板，根据地板坯料在干燥过程中含水率、应力的变化，借以判断地板坯料所处的状态。

4. 平衡处理

为了平衡材堆间木材含水率的差异以及使板材厚度上的含水率分布均匀，必须进行平衡处理。平衡处理时干燥介质状态：

温度：干球温度等于或略高于干燥基准最后阶段所对应的温度。

湿度：比要求含水率下限低 2% 的平衡含水率所对应的相对湿度。对于销往南方的实木地板，平衡处理介质的干、湿球温差为 10~12℃（相对湿度为 50%~55%）；对于销往北方或出口欧美的实木地板，平衡处理介质的干、湿球温差为 16~18℃（相对湿度为 35%~40%）。

时间：每一窑的平衡处理时间都可能不一样，可凭经验视情况而定。如果对含水率均匀性要求严格，平衡处理必须做得完全，不应以时间为判断标准，而必须以含水率是否达到要求作为判断标准。具体判断标准为：当所有检测板含水率达到要求时才能停止平衡处理。

5. 终了处理

平衡处理结束后，木材含水率虽然达到要求，但木材内部仍残留着干燥应力，会影响木材后续加工质量和使用质量。为了消除干燥残余应力，并使木材厚度方向上含水率分布更加均匀，因此必须进行终了调湿处理。

终了处理时干燥介质状态：

温度：干球温度等于终了处理的温度。

湿度：比要求终了含水率上限高 2% 的平衡含水率所对应的相对湿度。对于销往南方的实木地板，终了处理介质的干、湿球温差为 2~3℃（相对湿度为 80%~85%）；对于销往北方或出口欧美的实木地板，终了处理介质的干、湿球温差为 4~5℃（相对湿度为 75%~80%）。

时间：与实木地板坯料树种有关系，一般为 6~12h，木材密度越小，终了处理时间越短，木材密度越大，处理时间越长。

终了处理效果可以从锯齿应力检验板齿形的变化来判断，一般情况下，检验板上锯下来的试验片，刚削成梳齿时，齿向内弯，干燥到含水率均匀后齿仍向内弯，即表明木材内部有张应力；如果在刚锯开时其形状微向内弯，风干后齿形平直，就可结束终了处理。

4.2.7　出窑

干燥过程结束以后，关闭加热器和喷蒸管的阀门，通风机继续运转，进排气口呈微启状态，自然降温，当窑内温度下降到不高于大气温度30℃时方可出窑。寒冷地区冬季可在窑内温度低于30℃时出窑。关闭进、排气道，关闭风机，出窑。

4.3　质量检验

地板坯料干燥质量指标可分为不可见缺陷质量指标和可见缺陷质量指标。不可见缺陷质量指标包括：终含水率指标、干燥均匀度指标、木材厚度上含水率偏差指标、残余应力指标，如表4-3所示。可见缺陷质量指标包括：顺弯、侧弯、横弯、扭曲、纵裂和内裂，如表4-4所示。

表4-3　含水率及应力质量指标

干燥质量等级	平均终含水率/%	干燥均匀度/%	均方差	厚度上含水率偏差				残余应力指标Y	平衡处理
				锯材厚度/mm					
				≤20	21～40	41～60	61～90		
一级	8～12	±4	±2.0	2.5	3.5	4.5	5.0	不超过3.5	有
二级	12～15	±5	±2.5	3.0	4.0	5.5	6.0	不检查	按要求

表4-4　地板材干燥缺陷质量指标

干燥质量等级	弯曲/%								干裂		内裂
	针叶材				阔叶材				纵裂		
	顺弯	横弯	翘弯	扭曲	顺弯	横弯	翘弯	扭曲	针叶材	阔叶材	
一级	1.0	0.3	1.0	1.0	1.0	0.5	2.0	1.0	2	4	不允许
二级	2.0	0.5	2.0	2.0	2.0	1.0	4.0	2.0	4	6	

根据南北方铺装地区气候差异，实行人工含水率片检，确保每一块地板含水率与当地环境相差不超过0.5%。消费者鉴定地板稳定性，只要看地板含水率是否与铺装环境一致即可。

地板坯料在干燥过程中，如果干燥基准使用不当，会产生各种干燥缺陷，如端裂、表裂、皱缩、内裂、变形、变色等，应按照《锯材干燥质量》GB/T

6491—2012 的规定对干燥质量进行检验。干燥缺陷的产生原因如下所述：

（1）初期开裂：干燥初期开裂分为端裂和表裂。端裂多数是原木的生长应力导致干缩出现的裂纹，当干燥条件较为恶劣时，裂纹会在原有的基础上进一步扩展。表裂的原因是表层干燥后收缩受到了内部的约束。同一干燥条件下，木材的密度越大，越容易产生开裂，弦向材相对容易发生表裂。

（2）皱缩：所谓皱缩主要指因细胞的极端变形使木材出现了异常变形，它是由于细胞腔产生了因水分的变化引起的拉力与压力的原因。一般含水率高的木材，干燥初期温度过高时容易发生皱缩。根据树种不同，塌陷集中的部分会出现板面凸凹不平现象。为了避免产生这种缺陷，对于皱缩大的树种，可经过一段时间的气干或采用低温进行干燥。

（3）内裂：干燥厚度 1cm 以下的薄板或用气干的方法，几乎不会发生内部开裂。内部开裂是表面开裂向内发展之后，表面开裂闭合而形成的，也有表面没有裂纹只在内部发生开裂的情况。

弦向材的内裂发生在干燥末期，是因为内层沿宽度方向收缩比表面大的原因。内部开裂与干燥温度的关系很大，一般干燥初期温度较低（50℃左右），表层细胞发生塌陷困难。但是，木材内层在含水率高的状态下长期受热，随着干燥的进行，干燥温度逐渐地上升，细胞塌陷也就加大。所以大多数厚板因内部受热时间的加长，而容易发生内部开裂。另外，如果干燥初期干湿球温差大，表层张应力就大，再加上内部细胞如果有塌陷，也容易产生内部开裂。

（4）变形：被干木材的变形主要有横弯、顺弯、翘弯和扭弯等几种，主要原因是各部位的收缩不同、不同组织间（如木射线与纤维素、心边材）的收缩差及其局部塌陷而引起的。

（5）变色：木材经干燥后都不同程度地会发生变色现象，有的比较严重。变色有两种：一种是由于变色菌、腐朽菌的繁殖而发生了变色；一种是由于木材中含有的成分在湿热状态下酸化而造成的变色。用高温干燥含水率高的木材时往往会使木材的颜色加深或变暗；有时也会因喷蒸处理时湿度过大或干燥室长期未清扫而使木材表面变黑。

4.4　养生

养生是指木材经过干燥处理后，将木材置于室内恒定的大气温度和湿度中，存放一定的时间后再加工。此过程所耗费的时间称作养生时间。实木地板坯料在窑内经过终了处理后，残余应力不能完全释放，若这部分残余应力存在于实木地板内，将会在实木地板铺设后出现隐裂等现象，通过养生可以减少实木地板铺设后出现的不良现象。

养生，一方面平衡木材含水率，另一方面，让干燥阶段中还未释放的残余应力释放。养生时间的长短与树种、干燥均匀性和含水率等诸多因素有关，一般没有固定的标准，主要是通过企业长期的经验摸索和对树种进行试验来确定。一般而言，密度大、材质硬的地板坯料养生期长，反之养生期就短。

4.5 成品加工

地板坯料经分选、养生后，即可进行基准面和榫槽等的加工。

4.5.1 基准面加工

片检合格的地板坯料，进入砂光机前须经过肉眼观察选出正反面。为了获得正确的尺寸和光洁的表面，并保证在加工其他面时定位正确，必须先将毛料加工出一个正确的基准面，作为后续工序加工的基准。地板条的基准面包括平面（大面）、侧面（小面）两个基准面。基准面的选择要保证正面缺陷少，然后采用三辊砂光工艺实现粗磨、细磨和精磨。

4.5.2 榫槽加工

1. 两端企口加工

地板端部企口加工主要采用双端铣床进行加工。根据企业的生产规模和加工水平，可采用普通双端铣床，也可采用重型双端铣床。双端铣床应具备两个功能，一是加工地板的两个端面，使地板定长；二是在地板两个端面铣出榫头和榫槽。

2. 纵向企口加工

四面刨是实木地板纵向开榫、槽常用的设备。根据地板条成品对各个面形状的要求，确定安装相应的切削刀具，进行加工。目前广泛采用的加工工艺是采用五轴或六轴四面刨床一次性完成地采暖用实木地板顺纤维方向的四个面的净光和成型加工。

4.5.3 分类检验

加工成型的地板要进行检验，保证地板成品具有符合标准要求的形状、尺寸、精度和表面粗糙度。剔除不合格产品，合格的素板运到油漆车间进行下一道工序。

4.6 涂饰

涂饰是用涂料涂布于材料表面，在材料表面形成涂膜（漆膜），对材料起到保护与装饰作用。涂饰是地板生产的关键工序之一，经过涂饰后的地采暖用实木地板，不仅可以增加地板的装饰效果，而且可以使地板表面受到保护，延长地板的使用寿命，是地板使用性能与表观质量的重要保障手段。地采暖用实木地板的 UV 涂饰工艺可以参照图 4-3 所示流程。

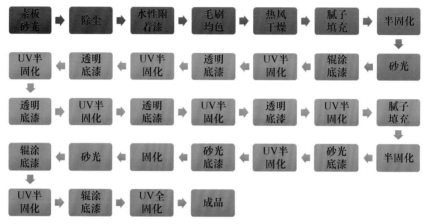

图 4-3　地采暖用实木地板面层 UV 涂饰生产工艺流程图

4.6.1　常用涂料

涂料指涂布于物体表面在一定的条件下能形成薄膜而起保护、装饰或其他特殊功能等的一类液体或固体材料。涂料主要有水性漆、UV 漆、PU 漆、PE 漆以及木蜡油。

光敏漆（UV 漆）亦是紫外线固化涂料，是我国当前木地板行业的重要漆种，也在地采暖用实木地板中应用最为广泛。它应用光能引发而固化成膜的涂料，此类涂料的涂层，必须经紫外线照射才能固化成膜。UV 漆是由光敏树脂、活性稀释剂、光敏剂以及添加剂组成。主要是由于该漆固化速度快，节省能源、无污染，施工简便，漆膜光泽度高，附着力大，硬度高，漆膜的硬度可达 4～6H。因此，几乎所有的木地板加工企业都采用 UV 漆涂刷地板表面。

4.6.2　涂饰工艺

地采暖用实木地板在不同环境条件下可以应用不同的涂装工艺，如超耐磨、抗刮擦及柔韧面等。地采暖用实木地板的涂饰工艺主要为四边封漆和面层涂饰。

4.6.2.1　四边封漆

对地采暖用实木地板进行四边封漆时，要求如下：

（1）喷边的颜色要求严格按照标准调色样板的表面颜色进行，不准出现明显的颜色差别。

（2）喷边要全部到位，不准出现漏喷现象，特别注意倒角线的喷边操作。

（3）喷边的颜色要均匀，不准出现颜色部分喷浓、部分喷淡的现象，具体喷边油漆用量的多少根据不同材种而适当灵活掌握，特别对于难干的材种（如坤甸铁樟、重蚁木等）要尽量少喷。

（4）对喷好边的半成品在码放中要注意轻放，板与板之间不可紧靠，以免油漆粘边。

（5）不允许用板的两端撞击墙壁，特别是榫头一端，以免榫头破损，影响拼接质量。

（6）喷边操作中严禁出现倒架、摔伤等人为造成的损板现象，实际操作中要严格按照工艺要求进行，确保安全生产。

（7）喷好边的半成品要标识明确，包括材种、规格、水分、产品型号及分色类别等内容，然后放入晾干区进行自然干燥。

4.6.2.2　面层涂饰

地采暖用实木地板表面涂饰一般是通过 UV 漆生产线加工，具体的 UV 涂饰工艺根据木材材性和客户对涂饰品质要求的不同而不同。结合现在实木地板 UV 涂饰厂家采取的涂饰工艺大致可分为：全辊涂工艺；辊涂底漆＋淋涂面漆工艺；辊涂底漆＋淋涂底漆＋淋涂面漆工艺；辊涂底漆＋淋涂面漆＋辊涂面漆工艺。

不同 UV 涂饰工艺的作用：

（1）素板砂光

素板砂光主要是精准定厚，砂光板面毛刺，增加板面光滑度。砂光是保证板面平整度的关键，其砂光效果直接影响涂装油漆的成本。

（2）除尘

将板面木粉清扫干净。

（3）水性附着剂

UV 涂饰前工序采用水性底漆着色，一方面对木材纹理进行着色以突显木材天然纹理；另一方面可增强后序 UV 涂饰附着力。其涂布量一定要适宜，应控制在 $10\sim15\mathrm{g/m^2}$，涂布量太大或太小都会影响涂层与板面的结合性能，容易造成脱膜现象。

（4）加色

在底漆中加色采用在不同道数底漆中分开加色，可保证漆膜平整度。UV 光对加色涂层的深层干燥，可防止出现层间附着力差的问题。

（5）涂布腻子

涂布腻子是为了填补基材上残留的细小坑洞，否则会影响漆膜的附着力。为了保证腻子对基材的填充和封闭作用，必需使用腻子机进行涂饰，通过腻子机的后钢辊将腻子挤压进入木材毛细孔达到对基材的封闭和增硬作用。涂布量为 $30\sim40\mathrm{g/m^2}$。

（6）耐磨底漆涂装

涂布耐磨底漆是为了使涂层具有较好的耐磨性和硬度。由于地采暖用实木地板对耐磨性要求更高，耐磨底最好在中间涂层使用，确保耐磨底后有两道砂光底漆并砂光除尘。因为耐磨底较填充砂光底漆黏度大，涂布量大，平整度稍差，通过后续填充底漆的砂光可保证板面的平整度。耐磨底漆多辊涂，用量取决于板材的材质，一般在 $15\sim30g/m^2$，固化采用半固化方式，固化能量控制在 $100MJ/cm^2$。若耐磨底漆涂布量较大时，需增加加热流平隧道，以提高漆膜的平整性。

（7）封闭底漆

地采暖用实木地板在涂饰油漆过程中，必须要涂刷封闭底漆。封闭底漆的作用是，将封闭底漆涂饰时渗入木材的内部形成膜，可阻止木材的吸湿、散湿，这样就可防止木材中的水分、分泌物及油脂等成分的液体渗出，这样就可在其上再涂饰油漆时具有良好的基面，可改善表层漆面的附着力。

（8）底漆砂光

砂光底漆是为了对涂层进行修平处理，对于仿古实木地暖地板，可设计涂布 3 次砂光底漆：第 1 次涂布 $20g/m^2$ 左右，半固化，然后进行第 2、3 道砂光底漆的涂布，涂布量控制在 $15g/m^2$ 左右，半固化，砂光，以增强最后一道砂光底漆的附着力。砂光底漆涂布完成后，对底漆进行砂光处理。底漆砂光对最终的涂饰效果至关重要，最后一至两道底漆的砂光建议使用 240 目甚至 320 目砂带以保证辊涂面漆的平整性。

（9）面漆涂装

面漆涂布是最后一道工序，目的是保证所有涂层在日后使用环境中免受破坏，要求面漆具有较高的耐磨性和耐刮擦性，附着力优良，光泽度均匀，手感好。可采用涂布两道辊涂面漆的方式增加面漆的饱和度和平整度。第一道辊涂面漆半干，第二道辊涂面漆用 UV 干燥机彻底固化。推荐涂布方法：第 1 道涂布量 $5g/m^2$，半固化辐照；第 2 道涂布量 $5g/m^2$，全固化辐照。

4.6.2.3　涂饰工艺特点

地采暖用实木地板涂饰工艺的特点如下：

（1）地采暖用实木地板底漆采用韧性较好的底漆，保证面漆的附着力，同时又解决了地板膨胀收缩导致漆面开裂和起皱的问题。

（2）高耐磨涂饰工艺突破传统地板漆面工艺，在合理的比例范围之内增加地板漆面耐刮擦、高硬度等物质成分，使得漆面硬度大幅度提升；同时将漆面设计成磨砂面结构，它和普通 UV 漆面在构造上有明显区别，触感更加舒适。

（3）采用多道抗划痕漆面涂装工艺，漆面硬度大约是普通实木地板的 5 倍，使地采暖用实木地板具有良好的抗刮性能。

（4）高耐磨工艺选用高清底漆，以"更薄更通透"为设计理念，还原木材自然本色与质感。

（5）为保证在地暖环境下的稳定性，采用六面封漆技术，全方位保护木地板，减少地采暖用实木地板水分外渗和潮湿空气浸入机会和分量。特别是榫槽封漆工艺，采用了两道封漆工序，先喷后刷，封闭油漆直接渗入木纤维封闭纤维导管保证水分稳定。同时纤维本身也变得坚硬而有韧性，经得起硬物的刮擦。

（6）涂饰工艺之后的地采暖用实木地板都要经过严格的 $60°$ 左右的烘烤测试，保证实际应用中地板的漆膜不开裂脱落。

4.6.3 对漆膜性能的要求

地采暖用实木地板是铺设于地面辐射供热系统上的木质地板，因为它需要长期承受 30℃ 以上的温度烘烤，所以为了使地采暖用实木地板表面长期保持平整光亮，其漆膜必须达到以下性能：

（1）附着力

漆膜的附着力系指漆膜与被涂地板表面结合在一起的牢固程度。地采暖用实木地板要求漆膜附着力达到 3 级以上。漆膜的附着力好将不受地面温度变化而引起脱落现象，这样漆膜持久耐用，若附着力不好，漆膜易开裂、脱皮。

（2）耐磨度

地采暖用实木地板表面漆膜的耐磨度要求在漆面磨耗 100 转后未磨透且磨耗量≤0.15g/100r。

（3）硬度

漆膜的硬度是反映地板表面抵抗外来压力及耐划伤的能力。地采暖用实木地板表面漆膜的硬度要求达到 H 以上。漆膜的硬度并不是越硬越好，过分强调硬度，其漆膜柔韧性相应就会降低，漆面附着力就下降，而容易出现漆面破碎、脱落等现象。

（4）柔韧性

漆膜柔韧性亦称弹性，地采暖用实木地板的漆膜需要一定的柔韧性，是为了适应地采暖用实木地板受热后，否则其地板将会产生微量的干缩变形。过分硬的漆膜，将会把实木地板表面的漆面拉断，使漆膜出现隐裂或开裂。

（5）耐热性

耐热性是地采暖用实木地板的关键性能指标。耐热性能要求漆面长期在温度 30℃ 以上的热度下烘烤，漆膜不开裂分层。

4.7 防潮处理

为提高地采暖用实木地板的抗湿变形能力，一般需用背涂机对地板背面进行涂饰处理，并在地板背面贴 PE 膜，防潮的同时也能消除响声。同时，对地板两端进行封蜡处理，防止外界水分对地采暖用实木地板尺寸稳定性的影响。

4.8 检验包装

为了保证地板表面颜色纯正、无缺陷，在地板面层涂装环节安排了片检。严格剔除不合格产品，层层把关保证地采暖用实木地板质量。

完成面层涂饰后，对地板进行最后一次片检，以确保地板成品符合标准。

按品质、色差进行分类包装，具体分为优等、一等和合格品三个等级，严格按照地采暖用实木地板相关标准规定的要求。

包装是在地板运输过程中，为了保护产品、方便储运、出境销售，采用相应材料对其进行包裹的操作。

包装操作：

（1）包装箱检验：待包装的产品规格、材种以及等级等要求要与包装箱标识完全一致。

（2）贴标识：产品包装箱或包装袋外表应印有或贴有清晰且不易脱落的标志，用中文标注生产厂名、厂址、执行标准号、产品名称、规格、木材名称、等级、数量（m²）和批次号等标识。对标识等粘贴信息进行核对，保证与客户要求、包装产品一致。

（3）装箱：第一块地板表面朝上，地板背面朝下放置，依次放入地板，直至装入预计数量，最后一块地板要求正面朝下、背面朝上放入，以防止地板在运输过程中包装破损导致地板表面损伤。在层与层之间铺上薄膜，以防止层与层之间产生摩擦造成地板表面的划伤。包装箱的规格和尺寸主要是以产品规格尺寸进行设计，不同厂家、不同产品均有所不同。

（4）封箱：待地板装好后，放入《铺装说明书》等所需材料，然后封箱。封箱胶带尽量居中粘贴，确保完全密封。

（5）入库：用叉车将包装完好的产品转运至发货库房。

5 地采暖用实木地板特殊处理技术

由于木材的干缩湿胀特性，实木地板受环境温湿度影响尺寸变化较大，用在地采暖环境时会引起变形、翘曲、开裂等问题。为了解决实木地板用在地采暖环境尺寸稳定性差的问题，一些特殊处理技术应运而生。常用技术主要有高温热处理技术、锁扣技术、乙酰化技术、水分封闭技术、表面密实化处理技术。

5.1 高温热处理技术

高温热处理技术最早应用于 20 世纪 30 年代的美国，并在 90 年代得到迅速发展。高温热处理技术是将木材放入 160～240℃ 的高温、无氧或者低氧的环境中进行一段时间热处理的物理改性技术，可以缓和木材内部生长应力和干燥应力，使热处理木材的吸湿性降低、尺寸稳定性提高，得到的产品可以满足地采暖用实木地板使用要求。随着人们环保意识的提高，木材热处理技术是木材改性技术中最具商业前景的技术之一，其应用领域逐渐扩大并延伸至木结构建筑、木地板、户外用材及木质家具等领域。

高温热处理技术具有几大优点：一是降低木材吸湿性、提高尺寸稳定性。热处理会降低木材组分中的游离羟基浓度，使木材的吸湿滞后进一步加剧，湿胀可以下降 50% 以上，放在实际的地暖环境中稳定后平均收缩仅 0.4～0.8mm。二是耐腐性能、天然耐久性相应提高。高温热处理后游离醋酸的生成，使腐朽菌喜爱的食物数量减少，抑制了腐朽菌的生长，可以满足地热的使用要求。三是改善木材颜色。材色是反映木材表面视觉特性的重要物理量之一，处理温度对材色影响较大，选择最佳热处理温度和时间，使早晚材区分不明显的木材纹理变得清晰，光泽度大幅提高，有效提升普通木材的装饰效果。

热处理是木材加工行业里相对复杂的技术，如果工艺处理不当，容易引起基材颜色变深、强度降低及翘曲开裂等问题，不但没有增加木材附加值，而且限制了其应用范围。高温热处理技术在保留木材优质天然特性的基础上，可以使材质相对稳定的树种制成的实木地板用在地暖环境长时间保持不开裂、变形等，使材质相对不稳定的树种制成的地采暖用实木地板尺寸稳定性大幅提高。

　　地采暖用实木地板的热处理工艺曲线实例如图 5-1 所示。首先缓慢升温至 80℃，保温 2h（缓慢升温阶段）；升温至 120℃，保温 2h（干燥阶段）；升温至 140℃保温 2h（升温阶段）；升温至 195℃保温 3.5～4h（热处理阶段）；冷却阶段，处理完毕，向罐内喷入适量水蒸气，增加湿度，防止木材开裂燃烧，此阶段缓慢降温约 6h），出窑。其中升温阶段，保持升温速率 5℃/h，同时注意适当喷蒸汽，以防止基材开裂变形。

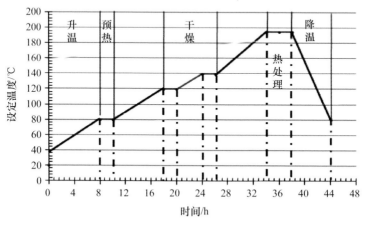

图 5-1　热处理工艺曲线

　　图 5-2 为圆盘豆、番龙眼、朴木三种实木地暖地板热处理前后颜色变化图。

图 5-2　热处理前后颜色变化

5.2 锁扣技术

地采暖用实木地板锁扣技术作为提高尺寸稳定性的辅助方法，它是指地采暖用实木地板拼接结构为锁扣式，即利用凸出的榫头和下凹的榫槽上的锁扣结构产生的紧锁力，实现地板铺装的紧密拼接，以避免产生离缝和高低差等质量问题。锁扣可以控制地板水平和垂直两个方向的位移，以避免地板损坏无法更换的问题。锁扣技术是通过特殊结构的木榫锁扣将室内的地板连接成一个整体，这样实木地板由于干缩湿胀引起的变形运动转变成水平方向上的整体移动，作为整体连接的地板中的任意一块或某一区域因膨胀或收缩而产生的力，都将作用于周围的区域，最终该力产生的变形将衰减。

锁扣技术种类较多，分类方法也较多。按锁扣结构分类，可分为本体锁定和嵌入锁定。本体锁定是指地板本体具有舌槽，嵌入锁定是设置硬性、有弹性的材料作为锁定元件（允许有一定的伸缩，但是加工较为复杂）。按照插接方式分类，可以分为水平插入、倾斜插入和垂直插入，另外还有纵向滑入，但不多见。按榫槽的层数分类，可分为单层榫槽和多层榫槽。单层榫槽结构存在榫槽配合面积有限，榫槽咬合不牢固，稳定性差，连接强度低等缺陷；多层榫槽结构虽连接强度提高了，但是生产制造成本较高，工序复杂，安装不便。

锁扣技术主要解决地板之间的连接问题，提高结合部位的坚固性和胶合强度，真正实现地板整体运动；锁口设计特意在地板中留有供胶水流动和凝固的胶腔，可以将地板准确锁定在设计位置上，降低了接缝变大和边缘起翘的可能，提高了地板的美观和使用寿命；锁扣地板，安装方便，安装时，可以不施胶，便于多次利用；也可施少量胶水，对地板防潮与连接更起到双重保护作用。锁扣地板的优点很多，同时种类也不少。目前运用锁扣技术的主要有 45 角斜插式锁扣地板、双锁扣地板、搭扣式锁扣地板、长舌式锁扣地板和阶梯式锁扣地板等。下面就以久盛地板的阶梯式锁扣地板为例来说明锁扣技术的优势。

阶梯式锁扣能防止实木地板可能出现的离缝、翘曲和起鼓等问题。阶梯式锁扣实木地板基板的两侧设有相互配合的榫和槽，榫的上侧面设有突条，突条与槽的上侧面间形成第一间隙，突条的下部设有上凹槽，上凹槽与槽的上侧面间形成第二间隙，榫的下侧面与槽的下侧面形成第三间隙；所述榫的上部设有斜凸起，槽的上部设有与斜凸起相对应的斜凹槽，所述榫的侧部设有侧凸起，侧凸起与槽的侧面相接触；所述榫的侧面开成第四间隙。通过木榫锁扣将室内的地板连接成一个整体，这样实木地板由于干缩湿胀引起的变形运动转变成水平方向上的整体运动，作为整体化连接的地板中的任意一块或某一区域因膨胀或收缩而产生的力，都将作用于周围的区域，最终该力产生的变形将最终衰减。

阶梯式锁扣木地板不仅具有非常优秀的铺装牢固度，而且在榫槽间具有良好的缓冲作用，避免了因干缩湿胀导致的翘曲、起拱及离缝等问题，同时还具有优越的减噪降声的功能，大大提高了实木地板用户的居住舒适度。

图5-3　阶梯式锁扣实木地板

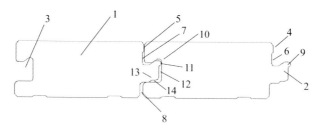

图5-4　阶梯式锁扣示意图

1—基材；2—榫；3—槽；4—突条；5—第一间隙；6—上凹槽；7—第二间隙；8—第三间隙；
9—斜凸起；10—斜凹槽；11—侧凸起；12—第四间隙；13—下凹槽；14—第五间隙

阶梯式锁扣技术扣型短小精悍，锁扣强度更强；扣型准确，缓解了地板在使用过程中产生的响声；端头增加搭扣技术，着力点分散开不集中在一个点，受力均匀分散，通过这种独特的锁扣角度设计，较普通锁扣地板而言，不仅整体锁力上升了一个新台阶，而且减少了锁扣槽口的接触面积，降低了在使用过程中因为接口摩擦而产生杂音的概率，更牢固、更稳定、更持久；端头搭扣技术的运用使端头更牢固，有效解决了潮气内渗问题，更进一步提高了产品的稳定性；反锁倒角面积与角度更合理、加工精确度更高、基材韧性更好；安装方便，安装和后期使用时不容易破坏；铺装时不需要另行铺设龙骨，大大降低了原料成本和安装成本，接缝更紧密，可任意拼接，克服了地板受外界冷热干湿度变化过程中产生的离缝、翘曲、起鼓等问题，整体锁力效果更好；阶梯式锁扣较普通的扣型大大减少制造过程中的工艺损耗，节约原材料，降低成本5％～10％。

锁扣技术只能作为提高地采暖用实木地板尺寸稳定性的一种辅助技术。对于尺寸稳定性相对较差的树种，单纯地依靠锁扣技术并不能很好地提高其尺寸稳定性，需要通过高温热处理技术、乙酰化技术、水分封闭技术、表面密实化技术等来提高地采暖用实木地板的尺寸稳定性。

5.3 乙酰化技术

木材乙酰化技术是指木材通过与乙酸酐发生化学反应，将木材中的亲水羟基转化为疏水乙酰羟基，乙酰基的导入可以产生酯化反应的不溶物填入微纤丝间隙形成充胀效应，从而制得尺寸稳定性和防腐性都明显改善的乙酰化木材。早在20世纪20年代就开始了对木粉和木屑进行乙酰化技术的相关研究，40年代对于实木的乙酰化研究已经开始，发展至今木材的乙酰化技术已经逐步实现了工业化生产。

木材的乙酰化处理过程如图5-5所示，用乙酸酐与木材反应，木材细胞壁中部分羟基酯化。乙酰化是单一连接反应，即一个乙酰基只与一个羟基反应，没有聚合反应。乙酰化浸渍处理后的实木地板具有稳定性好、使用寿命长、环保、涂饰性能好，可广泛应用于地暖、户外等，使实木地板多功能化，实现了实木地板从单一功能向多功能的转变。经过乙酰化处理后的木材半纤维素溶解性下降，平衡含水率降低，热稳定性显著提高，具有良好的耐用性。乙酰化木材比未处理材有更高的耐紫外线性，长时间照射不变色，风吹日晒不开裂。数据表明，经过乙酰化处理过的圆盘豆地板坯料做成宽度为122mm的实木地板后，干缩率只有0.8%，完全可以达到地采暖用实木地板的要求。

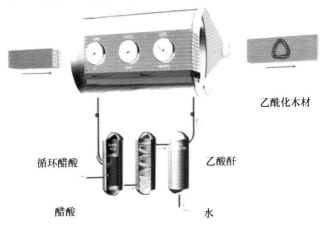

[木材+乙酸酐---醋酸反应转化---乙酰木材(地板)+水]

图5-5　乙酰化处理过程图

乙酰化处理对木材性质的影响：

（1）尺寸稳定性

乙酰化木材中的羟基数量减少，故木材的平衡含水率和纤维饱和点皆降低，尺寸稳定性得到改善。

（2）生物耐久性

乙酰化木材的生物耐久性显著提高，且随着乙酰化木材增重率的增加，其耐腐性进一步提高。其原因是乙酰化木材的含水率较低，且细胞壁的微孔被堵塞，不易受腐朽真菌侵害。

（3）力学性能

乙酰化木材的 MOR 和 MOE 增减幅度在 8% 以内时，乙酰化处理对木材力学强度无显著影响。

（4）耐气候性

乙酰化可改善木材的颜色稳定性，减少木材的光照度发黄。但乙酰化对木材的光保护效果，随着木材暴露时间延长而下降。

（5）环保性

乙酰化木材的生产过程不会对环境造成污染，且对人体无害。

5.4 水分封闭技术

水分封闭技术是在地采暖用实木地板表面涂上一层防潮涂层，用来封闭水分传导的通道，降低空气湿度对地板的影响，从而达到控制地板基材水分变化的目的。此项技术成功的关键是能否真正做到地板所有表面的全封闭。只有在生产过程中保证地板的表面均处于封闭状态，才能够达到地暖使用的要求。

尽管水分封闭技术在一定的情况下可以应用到地暖环境，但该技术还存在以下几点不足之处。首先，水分封闭技术掩盖了实木基材的天然品质，因而消费者无法知道地板基材是否为实木这个选择地板的关键指标；其次，在地板使用初期基材内部的水分很难与外界进行交换，这样基材内部就会产生内应力，如果基材强度不好漆膜会产生表面开裂、脱落现象，而且内部水分也不能自由散发，易发生霉变。

5.5 表面密实化处理技术

国家一系列天然材禁伐政策的实施，造成实木地板行业原材料紧缺、价格上涨。大力营造人工林已成为解决我国木材供需矛盾的重要途径，然而，速生材存在材质松软、硬度小、强度低及加工工艺性能较差等缺点，需要对它们进行改性处理。国内外学们的研究结果表明，树脂密实化处理技术是改善木材性能的一种有效的传统方法，得到广泛的应用。此外，实木层状压缩技术作为一种新型的密实化压缩技术，通过纯物理方式对木材表面进行密实化处理，可以克服速生材的固有缺陷，提高速生材的表面硬度、尺寸稳定性，改善木材色泽，延长木材的使用寿命，得到的压缩木实木地板能够用于地暖环境。它是将木材在180~230℃超高温条件下进行压缩处理，整个过程中不涉及任何化学药剂的使用。相对于目前常用的低分子树脂浸渍压缩方法而言，该技术简单易操作，具有节约成本、绿色环保的优点。且采用高温热压压缩密实工艺对速生材进行压缩，在大幅提升速生材密度、硬度、静曲强度、弹性模量等力学性能的同时，通过控制压缩处理过程中的温度来提高压缩木的稳定性及耐腐耐候等性能，经证实，得到的压缩杨木地暖地板产品可用于地暖环境。

此种表面密实化处理的木材在保留传统压缩木优势性能的基础上，采用水热控制法压制，仅使木材表层被压缩，压缩层密度及力学性能显著提高，且压缩层厚度可控，其余部分仍保持木材的原有状态。这种压缩方法有效提高木材利用率的同时，也保持了木质材料环境友好的特性。然而，木材是一种多孔性、黏弹性高分子材料，压缩后会发生一定程度的弹性回复，甚至随着时间的延续产生蠕变回复。这种压缩后弹性回复与木材自身吸湿特性的叠加效应，使得压缩密实化木材的变形回复率变大。木材的吸湿性和尺寸稳定性是衡量实木制品质量的主要指标，也是研究木材压缩变形固定的重要途径。对表层压缩木材进行热处理，热处理温度和压力对降低压缩木材的吸湿回弹率的影响较为显著，通过提高温度或增加压力，可有效降低压缩木材的吸湿厚度变化率和回弹率。

现有的技术还需不断完善，结合市场需求，向深化、简化、工业化方向发展。对密实化处理材的性能评价应从最初侧重的物理力学性能转向后期的机械加工性能（比如刨切、砂光、榫眼加工等）、涂饰性能和环境特性（是否无毒无害、对环境友好等）的评价以及终端产品的开发上来，更好地实现工业化生产。

6 地采暖用实木地板主要设备

6.1 常用生产设备

6.1.1 加工设备

1. 砂光机

砂光机是地采暖用实木地板完成表面砂光工作时用到的机械设备，通常把带有自动进料系统的叫做砂光机。砂光机的胶轮采用进口天然耐磨橡胶，输送带采用高弹性输送带，可较好控制砂光量，装置传感器可探知砂带的行走轨道，可防止砂带跑偏，进行稳定的砂削工作，砂带拆换方便简单，采用螺钉固定形式，可自由调整，如图6-1所示。砂带配置压缩空气冷却吹风，可清洁和冷却砂带，延长砂带使用寿命，机器配置紧急停止、自动跑偏急停、气压不足保护、断带保护和门板打开保护装置。

图6-1　砂光机

砂光机的主要作用

① 清除木毛刺；② 磨削确定地板厚度，方便涂装；③ 利于地板成品平整安

装；④ 底漆砂光，提高面漆的附着力；⑤ 砂平板面，消除滚涂后板面上产生的细纹、桔皮以及颗粒等表面弊病。

2. 四面刨

四面刨是一种木工机床类的刨床产品，主要用于加工木方、木板、装饰木线条、木地板等木制品，对木材的上下及侧面进行刨光处理。性能优异的四面刨结构紧凑，工作台面镀硬铬，经久耐用。

设备主轴特殊加工，精度高。送料系统，最好是采用无级调速机构，送料辊与减速机构之间用万向节联结传动，才能传动平稳，送料才能强劲有力。

四面刨根据行业习惯分为四轴四面刨、五轴四面刨、六轴四面刨……多轴四面刨，多的可达十多轴。四面刨一般适合大中型家具厂使用，一方面设备价格高昂，另一方面使用维修成本高，因此适合大中企业大规模生产或者固定工序工位生产。小型企业往往用双面刨加工两个主面，用立刨或别的刨床加工另两个侧面，以节约成本和缩短调刀具时间，如图 6-2 所示。

图 6-2　四面刨

6.1.2　涂饰设备

1. 滚涂机

"滚涂机"是涂装设备系列机械中的一种重要设备，其具有油漆损耗小、生产效率高及维护简单方便的特点；可以和流水线很好的对接，组成自动化程度较高的生产线。滚涂机适合 NC 油漆与 UV 油漆的涂装，使用效果好，也适合 PU 油漆与 PE 油漆的涂饰。滚涂机对胶辊的要求较高，清洗机器和操作较为繁琐，操作起来不是太方便。其用于涂饰填充粗糙腻子表面，辊涂 UV 底漆，增加涂层厚度，减少面漆的使用，提高涂层丰满度及表面光泽度，起到装饰及保护木材的作用，如图 6-3 所示。

图 6-3　滚涂机

滚涂机工作原理

均布胶辊与均布钢轮平行靠紧，并匀速向内旋转，中间产生一个 V 形的空间，油漆就均匀地流在此处，调节均布胶辊与均布钢辊之间的紧密度，就可以控制粘附均布胶辊上的油漆厚度与均匀度；板块由输送带往前匀速推进，与胶辊适当接触，胶辊上的油漆就均匀地转印到板块表面上。

2. 红外流平机

（1）作用

通过热气流的循环，将油漆中不参与反应的稀释剂挥发掉，通过加热系统，降低油漆干燥时间，提高生产效率，提高油漆的流平性，使漆膜能达到最佳的丰满度和鲜映度。

（2）说明

机箱内部采用风机带动气流循环，可加快涂料中稀释剂的挥发，设有温度自动控制装置，可根据实际生产的需要调节烤箱内温度，最高可调至 80℃ 或是 120℃ 混合气体循环利用，节省能源，气流量及气流速度可调节，对油漆的流平具有明显的效果，可根据不同产品的要求选择红外线、电热、蒸汽、热水和风速喷嘴的加热方式。

3. UV 固化机

传统的烤箱式胶水固化方案已经面临挑战，漫长的固化时间及低精度固化都是使众多生产厂家难以提高产品附加值，高温也对相当多的产品提出挑战，高模仿的特性也使得行业一直徘徊于低端。人们迫切需要一款新的固化方案，UV 紫外固化方案应运而生。

UV 固化机是能够发出可利用的强紫外线的一种机械设备。它已被广泛应用于印刷、电子、建材和机械等行业。UV 固化机的种类和样式因其所光固的产品不同而有所不同。UV 固化装置由光源系统、通风系统、控制系统、传送系统和箱体等五个部分组成，如图 6-4 所示。

光源系统由 UV 灯管、灯罩、变压器（镇流器）和电容器（触发器）组成。目前市场上的 UV 灯分高压汞灯和金属卤素灯两种。国内设备普遍采用高压汞灯，进口设备有一部分采用金属卤素灯。UV 灯的功率即 UV 灯光的辐射能量，也称穿透力。因此 UV 灯一定要满足 UV 油墨（光油）吸收的光谱波长及功率密度的要求；UV 灯功率一般要满足 80～120W/cm 的要求，但功率越大热量也会越大，因此要根据固化物和固化速度不同来选择功率；UV 灯的最大寿命一般为 800～1000h，达到后即应更换，因为到此时段的 UV 灯所发射的紫外光线的强度变弱，会影响固化效果。反射罩的类型有聚焦型、非聚焦型和多面反射型。一般采用的是聚焦型。这种反射罩的结构特点是反射的 UV 光线能量集中，光固化的效率高，有利于厚墨层的油墨固化，可使油墨的深层完全固化。变压器的选择必须与 UV 灯的功率相配。即变压器必须有足够的输出电压，以保证 UV 灯能全功率工作。如果输出电压过高会使灯管烧毁；而输出电压过低，灯管又不能全功率工作，从而使紫外线输出强度不足。电容器电容的选择应与灯管和变压器相配套。根据变压器的输出电压选择所用电容的耐压程度。如果选择不当则会使电容击穿，影响到 UV 固化装置的正常工作。

图 6-4　UV 固化机

4. 输送装置

作用：①方便上料；②保持连续性生产。采用 PVC 皮带输送，变频电机输送，连续不间断输送，最大上料长度 3500mm，输送电机功率 0.55kW，最大输送速度为 10m/min；③给砂光工序提供一个连续平稳的平面；④防止板面出现砂头砂尾的现象；⑤降低劳动强度。

5. 背辊机

背辊机的优点是可免除传统的喷涂式作业，减少油漆的浪费，并且能立即干燥，节省时间，备有一组涂布轮、两支 UV 灯管，可以单独或同时使用。涂布速度可以调节，配有线速表，以便配合整条流水线作业。UV 涂布轮换装容易，UV 涂料添加不需停机。机器散热冷却系统良好，能有效地延长灯管使用寿命。背辊机适合竹木地板背面涂装、干燥，有效地防止水分从地板背面渗入导致变形；在实木地板背面涂层油漆，给木地板作防水防腐蚀处理；减少油漆的浪费，并且能瞬间干燥，节省时间，提高生产效率。

6. 粉尘清除机

粉尘清除机主要是清除砂光后板面上的粉尘和颗粒，为油漆工艺提高光洁的板面，消除板面上的麻点和颗粒，为获得光洁饱满的涂层奠定基础。设备配置双除尘剑毛刷，配套有中压吹风机，具有良好的除尘效果，采用环形皮带，使工件输送强而有力且不会出现打滑，工件表面的粉尘必须经本机处理后才能进行油漆作业。

7. 淋幕机

淋幕机主要进行淋涂面漆，获得镜面效果，光泽度高，漆膜较厚。淋幕头下方和油箱配置回流缓冲系统和消泡系统，有效地消除气泡的产生。

6.2　主要检测设备

1. 耐磨仪

（1）原理

确定由一堆粘有砂布的研磨轮与旋转着的试件摩擦，产生一定磨损时的转数。

（2）主要组成

① 试件支撑原盘，水平转速（60±2）r/min。

② 研磨轮，外包一层肖氏硬度为 50～55（国际橡胶硬度标度）的橡胶层，橡胶层厚 6mm，用氯丁橡胶粘于内圈上。研磨轮宽（12.7±0.2）mm，直径（51.6±0.2）mm。两研磨轮内表面之间距离（52.5±0.2）mm。

③ 旋转计数器。

④ 提升装置。

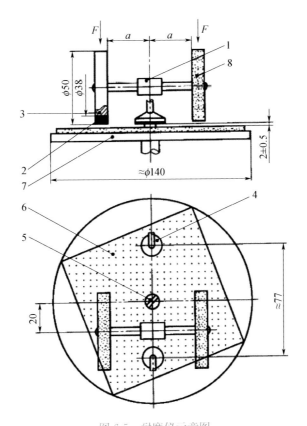

图 6-5 耐磨仪示意图

1—耐磨纸；2—橡胶；3—研磨轮；4—吸尘嘴；5—夹紧螺钉；
6—试件；7—试件支撑圆盘；8—提升装置

⑤ 吸尘装置，两个吸管嘴位于两研磨轮之间，在试件研磨面上方，距试件表面（2±0.5）mm。当吸尘口关闭时，真空压力为 1.5～1.6kPa。

（3）操作方法

① 将砂布与研磨轮用双面胶带或类似功能的胶粘剂粘好。

② 砂布校准。将标准锌板安装在磨耗试验机上，开启吸尘装置，置计数器于零，并将研磨轮安装在支架上，施加（4.9±0.2）N 外力条件下进行磨耗，磨 500r 后，擦净标准锌板并称量，精确至 1mg；更换砂布，再磨 500r，擦净后称量，精确至 1mg；标准锌板总的质量损失应在（130±20）mg 范围内，如果质量损失超出该范围，则该砂布不能使用。标准锌板单面使用次数不得超过 10 次。

③ 把研磨轮安装在磨耗试验机上，置计数器于零。用试件夹夹紧试件，然后将研磨轮轻轻地放在试件上。开启吸尘器，然后在施加（4.9±0.2）N 外力条件下旋转试件。每转 25～50 圈检查试件磨损度，并检查砂布是否被细粒塞满，若砂布被细粒塞满或转过 500 圈后，应调换砂布。

④ 当出现初始磨损点（IP）时，记下旋转次数；再恢复检验直至达到最终磨损点（FP），记下旋转次数。

2. 漆膜附着力测定仪

（1）部件

① 刀片以 Cro3 合金工具钢或《合金工具钢技术条件》GB/T 1299—77 中规定的 Cro6 材料制成刀片经热处理后，硬度应不低于 $HV_{10}750$，如图 6-6 所示。

② 金属模板由 45 号钢制成，中间有十一条间距为 $2\pm0.01mm$ 的平行割槽，如图 6-7 所示。

③ 刀片夹紧器，如图 6-8 所示。

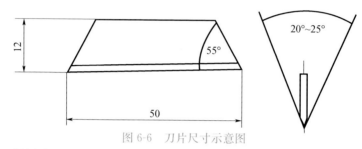

图 6-6　刀片尺寸示意图

注：刀片厚度为 0.43 ± 0.03

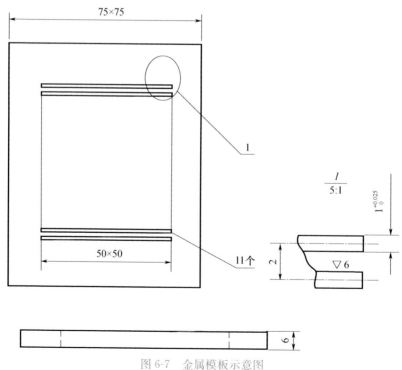

图 6-7　金属模板示意图

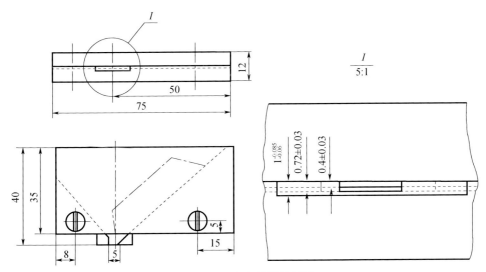

图 6-8　刀片夹紧器示意图

（2）操作步骤

① 在试样上取三个试验区域（尽量选择不同纹理部位），试验区域中心距试样边缘不小于 40mm，两试验区域中心相距不小于 65mm。

② 按《家具表面漆膜厚度测定法》GB/T4893.5－85，在每个试验区域的相邻部位分别测定三点漆膜厚度，结果取三点读数的算术平均值。

③ 将刀片装入刀片夹紧器，使刀刃露出模板的距离为（0.3±0.02）mm。

④ 将刀片夹紧器中的刀刃沿着模板割槽在试验区域的漆膜表面切割出二组互相直角的格状割痕，每组割痕都包括 11 条长为 35mm、间距为 2mm 的平行割痕。所有切口应穿透到基材表面，割痕方向与木纹方向近似为 45°。

⑤ 用漆刷轻轻掸去漆膜浮屑，将氧化锌橡皮膏用手指按压粘贴在试验区域上，顺对角线猛揭一次。

⑥ 在观察灯下，用 4 倍放大镜从各个方向仔细检查试验区域漆膜损伤情况。

⑦ 试验期间应经常检查刀片的刀口，发现磨损和碎缺应立即更换刀片。

3. 硬度测量仪器

（1）原理

受试产品或体系以均匀厚度涂饰于表面结构一致的平板上。

漆膜干燥/固化后，将样板放在水平位置，通过在漆膜上推动硬度逐渐增加的铅笔来测定漆膜的铅笔硬度。

试验时，铅笔固定，这样铅笔能在 750g 的负载下以 45°角向下压在漆膜表面上。

逐渐增加铅笔的硬度直到漆膜表面出现塑性变形和内聚破坏缺陷。

（2）部件（图6-9）

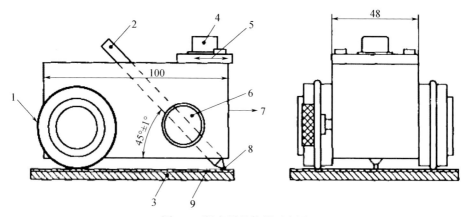

图6-9　硬度测量仪器示意图

1—橡胶O形圈；2—铅笔；3—底材；4—水平仪；5—小的可拆卸的砝码；
6—夹子；7—仪器移动的方向；8—铅笔芯；9—漆膜

注：最好使用机械装置进行试验，但也可以手工进行。只要能给出相同的相对等级评定结果，其他类型的试验仪器也可以使用。

该装置是由一个两边各装一个轮子的金属块组成。在金属块的中间，有一个圆柱形的、以（45±1）°角倾斜的孔。

借助夹子，铅笔能固定在仪器上并始终保持在相同的位置。

在仪器的顶部装有一个水平仪，用于确保试验进行时仪器的水平。

仪器设计成试验时仪器处于水平位置，铅笔尖端施加在漆膜表面上的负载应为（750±10）g。

一套具有下列硬度的木质绘图铅笔：

9B-8B-7B-6B-5B-4B-3B-2B-B-HB-F-H-2H-3H-4H-5H-6H-7H-8H-9H

较软　　　　　　　　　　　　　　　　　　　　　　　　　　较硬

（注：经商定，能给出相同的相对等级评定结果的不同厂商制造的铅笔均可使用。）

7 地采暖用实木地板质量
要求与检测方法

地采暖用实木地板具有健康、安全、高贵以及典雅的特点，市场需求旺盛。其尺寸稳定性是实木地板重点关注的问题之一。为了更好地规范地采暖用实木地板的生产、提高产品质量、减少消费者和生产者之间的纠纷，相关部门制订了国家标准《地采暖用实木地板技术要求》GB/T 35913—2018。通过标准的实施，可以促进生产企业对生产过程进行质量控制。本标准规定了地采暖用实木地板产品的质量要求和检测方法。

7.1 地采暖用实木地板质量要求

7.1.1 外观质量要求

平面地采暖用实木地板应符合《地采暖用实木地板技术要求》GB/T 35913—2018 中的要求，如表 7-1 所示。

表 7-1 平面地采暖用实木地板外观质量要求

名称	表面			背面
	优等品	一等品	合格品	
活节	直径≤10mm 地板长度≤500mm，≤5 个 地板长度>500mm，≤10 个	10mm<直径<25mm 长度<500mm，≤5 个 长度>500mm，≤10 个	直径≤25mm 个数不限	尺寸与个数不限
死节	不许有	直径≤3mm 长度≤500mm，≤3 个 长度>500mm，≤5 个	直径≤5mm 个数不限	直径≤20mm 个数不限

续表

名称	表面			背面
	优等品	一等品	合格品	
虫孔	不许有	直径≤0.5mm ≤5个	直径≤2mm ≤5个	不限
树脂囊	不许有		长度≤5mm 宽度≤1mm ≤2条	不限
髓斑	不许有	不限	不限	
腐朽	不许有			初腐面积≤20%, 不剥落，也不能 捻成粉末
缺棱	不许有			长度≤地板长度 的30% 宽度≤地板宽度 的20%
裂纹	不许有		宽度≤0.15mm, 长度≤地板长度 的20%	不限
加工波纹	不许有		不明显	不限
榫舌残缺	不许有	残榫长度≤地板长度的15%，且残榫宽度≥榫舌宽度的2/3		
漆膜划痕	不许有	不明显		—
漆膜鼓泡	不许有			—
漏漆	不许有			—
漆膜上针孔	不许有	直径≤0.5mm，≤3个		—
漆膜皱皮	不许有			—
漆膜粒子	地板长度≤500mm, ≤2个 地板长度>500mm ≤4个	长度≤500mm，≤4个 长度>500mm，≤6个		—

注：1. 不明显是指正常视力在自然光下，距地板0.4m，肉眼观察不易辨别；

2. 榫舌残榫长度是指榫舌累计残榫长度。

仿古地采暖用实木地板应符合《地采暖用实木地板技术要求》GB/T 35913—2018 中的要求，如表7-2所示。

表 7-2 仿古地采暖用实木地板的外观质量要求

名称		表面	背面
活节		数量不限，如开裂，应修补良好	不限
死节		长径小于等于 8mm 需修补，且每块少于 5 处	不影响使用
孔洞（含虫孔）		长径小于等于 8mm 需修补，且每块少于 5 处	允许长径小于等于 100mm，且每块允许 1 处
夹皮		色泽与材质接近允许，需修补	不限
腐朽		不允许	初腐，且面积小于等于 20%
变色		允许	允许
裂缝	端裂	不允许	修补
	面裂	长度小于等于 75mm，宽度小于等于 0.5mm，需修补，每块 1 处	修补
毛刺		不允许	不限
砂透		单个长度小于等于 20mm，宽度小于等于 2mm，且总面积不超过板面积的 1%	不超过板面积的 10%
漆膜波纹		不明显	—
漆膜划痕		轻微	—
漆膜鼓泡		不允许	—
针孔		直径小于等于 0.5mm，每块板少于 4 个	—
皱皮		总面积小于等于板面积的 5%	—
粒子		不明显，每块少于 6 个	—
漏漆		不允许	—
端头砂眼		不明显允许	—
漏底		不允许	—
分层		不允许	

注：1. 不明显是指在外观质量检验环境条件下，肉眼观察不易辨别；

　　2. 轻微是指在外观质量检验环境条件下，肉眼观察不显著；

　　3. 素面地板、油漆地板不检测表面指标，例如：漆膜波纹、漆膜划痕、漆膜鼓泡、针孔、皱皮、粒子及漏漆等。

7.1.2 加工精度要求

平面地采暖用实木地板应符合《地采暖用实木地板技术要求》GB/T 35913—2018 的要求，见表 7-3、表 7-4、表 7-5 的要求。

表 7-3 平面地采暖用实木地板尺寸及偏差   mm

长度	宽度	厚度	榫舌宽度
≥250	≥40	≥8	≥3.0

表 7-4 平面地采暖用实木地板尺寸偏差   mm

名称	偏差
长度	公称长度与每个测量值之差绝对值≤1
宽度	公称宽度与平均宽度之差绝对值≤0.30 宽度最大值与最小值之差≤0.30
厚度	公称厚度与平均厚度之差绝对值≤0.30 厚度最大值与最小值之差≤0.40
榫最大高度与 榫最大宽度之差	0.1～0.4

表 7-5 平面地采暖用实木地板的形状位置偏差

名称	偏差
翘曲度	宽度方向凸翘曲度≤0.20%，宽度方向凹翘曲度≤0.15% 长度方向凸翘曲度≤1.00%，宽度方向凹翘曲度≤0.50%
拼装离缝	最大值≤0.4mm
拼装高度差	最大值≤0.3mm

仿古地采暖用实木地板应符合《地采暖用实木地板技术要求》GB/T 35913—2018 的要求，见表 7-6 的要求。

表 7-6 仿古地采暖用实木地板的尺寸偏差

项目		要求
长度		长度小于等于500mm时，基本长度与每个测量值之差绝对值小于等于0.5mm 长度大于500mm时，基本长度与每个测量值之差小于等于1.0mm
宽度		基本宽度与每个测量值之差绝对值小于等于0.3mm 宽度最大值与最小值之差小于等于0.3mm
厚度		基本厚度与平均厚度之差绝对值小于等于0.8mm
翘曲度	横弯	长度小于等于500mm时，允许小于等于0.02% 长度大于500mm时，允许小于等于0.03%
	翘弯	宽度方向：翘曲度小于等于0.2%
	顺弯	长度方向：小于等于0.3%

续表

项目	要求
拼装离缝	平均值小于等于 0.3mm，最大值小于等于 0.4mm

榫接地板的榫舌宽应大于等于 3.0mm，槽最大高度与榫最大厚度之差应为 0～0.4mm。

注：1. 仿古实木地板长度和宽度是指不包括榫舌的长度和宽度；

2. 镶嵌地板只检量方形单元的外形尺寸；

3. 厚度测量时，以相对最高点作为检测基准点；

4. 检验翘曲度中翘弯和顺弯时，以地板的背面为基准面；

5. 表中要求是指拆包检验的质量要求。

7.1.3　物理力学性能要求

1. 含水率要求

平面地采暖用实木地板含水率应在 5% 到我国各地区的木材平衡含水率之间，我国各省（区）、直辖市木材平衡含水率按表 7-7 执行。

表 7-7　我国各省（区）、直辖市木材平衡含水率

省（区）、直辖市名称	木材平衡含水率（平均值）%	省（区）、直辖市名称	木材平衡含水率（平均值）%
黑龙江	13.0	湖南	15.9
吉林	12.5	广东	15.2
辽宁	12.0	海南	16.4
新疆	9.5	广西	15.2
甘肃	10.3	四川	13.1
宁夏	9.6	贵州	15.8
陕西	12.8	云南	14.1
内蒙古	10.2	西藏	8.3
山西	10.7	北京	10.6
河北	11.1	天津	11.7
山东	12.8	上海	14.8
江苏	15.3	重庆	15.9
安徽	14.6	湖北	15.2
浙江	15.5	青海	10.0
江西	15.3	河南	13.5
福建	15.1	—	—

注：各省（区）、直辖市木材平衡含水率（平均值）根据中国工程建设标准 CECS 191：2005《木质地板铺装工程技术规程》中我国主要城市和地区的平均气候值计算得出。

2. 其他物理力学性能要求

平面地采暖用实木地板应符合《地采暖用实木地板技术要求》GB/T 35913—2018 的要求，见表 7-8 的要求。

表 7-8　地采暖用实木地板的物理性能指标

名称	单位	优等	一等	合格
含水率	%	7.0≤含水率≤我国各使用地区的木材平衡含水率		
漆板表面摩擦	g/100r	≤0.08 且漆膜未磨透	≤0.10 且漆膜未磨透	≤0.15 且漆膜未磨透
漆膜附着力	级	≤1	≤2	≤3
漆膜硬度	—	≥2H	≥H	

仿古地采暖用实木地板应符合《地采暖用实木地板技术要求》GB/T 35913—2018 的要求，见表 7-9 的要求。

表 7-9　地采暖用仿古实木地板的物理力学性能指标

名称	单位	指标值
含水率	%	大于等于 7，小于等于我国各地区的平衡含水率
表面耐磨	g/100r	≤0.15，且表面留有漆膜且漆膜未磨透 ≤0.15 且漆膜未磨透
漆膜附着力	级	≥2
漆膜硬度	—	≥H

注：1. 含水率是指地板在未拆封的含水率，我国各地区的平衡含水率参见 GB/T 6491—2012 的附录 A；
　　2. 漆膜附着力、表面耐磨，应该用较平坦且纹理不密集部位制取试件；
　　3. 素面地板、油饰地板不检验漆膜附着力、表面耐磨以及漆膜硬度。

7.1.4　耐热尺寸稳定性（收缩率）、耐湿尺寸稳定性（膨胀率）要求

地采暖用实木地板的性能应符合表 7-10 要求。

表 7-10　耐热尺寸稳定性、耐湿尺寸稳定性要求

项目		单位	要求
耐热尺寸稳定性（收缩率）	长	%	≤0.20
	宽		≤1.50
耐湿尺寸稳定性（膨胀率）	长	%	≤0.20
	宽		≤0.80

7.2 地采暖用实木地板检测方法

7.2.1 外观质量检验

平面地采暖用实木地板外观质量按照《地采暖用实木地板技术要求》GB/T 35913—2018 要求进行。

（1）外观质量检验条件

检验台高度为 700mm 左右；照明光源为 40W 日光灯管三支，灯管间距约 400mm，灯管长度方向与板长方向平行，灯管距检验台高度约为 2m，自然光应不影响检验；检验人员应有正常视力，对抽取样品逐条检验，视距为 0.5～1.5m，视角为 30°～90°。

（2）外观质量检量

外观质量按照《锯材缺陷》GB/T 4832—2013 规定执行。根据外观质量要求来判定地板产品等级。

仿古地采暖用实木地板外观质量按照《地采暖用实木地板技术要求》GB/T 35913—2018 要求进行。

（1）外观质量检验条件

检验台高度为 700mm 左右；照明光源为 40W 日光灯管三支，灯管间距约 400mm，灯管长度方向与板长方向平行，灯管距检验台高度约为 2m，自然光应不影响检验；检验人员应有正常视力，并在板长两端逐张检验，视距为 0.5～1.5m，视角为 30°～90°。

（2）外观质量检量

根据各品类仿古木质地板外观质量要求，通过目测或测量逐张检验。

7.2.2 规格尺寸检验

规格尺寸按照《地采暖用实木地板技术要求》GB/T 35913— 2018 的要求进行。检验翘曲度中翘弯和顺弯时，应以地板的背面为基准面，厚度检验应以相对最高点作为基准厚度。

1. 长度尺寸检验

长度（l）检验是在距地板两长边各 10mm 处用钢卷尺或钢板尺测量，精确至 1mm，如图 7-1 所示。

2. 宽度尺寸检验

宽度（W）检验是在距地板两端边各 20mm 处及地板长边中心处用处用卡尺测量，精确至 0.02mm，如图 7-2 所示。

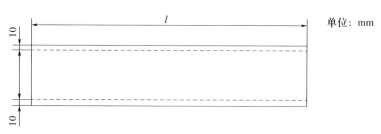

图 7-1　长度测量图

图 7-2　宽度测量图

3. 厚度尺寸检验

厚度（t）检验是在地板的四角距长边和端边各中点且 20mm 处用及地板长边中点距长边 20mm 处用千分尺测量，精确至 0.01mm，如图 7-3 所示。

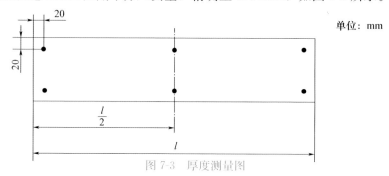

图 7-3　厚度测量图

4. 榫舌宽度检验

榫舌宽度（W_1）检验是在距地板两端边各 20mm 处用卡尺测量，精确至 0.02mm，如图 7-4 所示。

图 7-4　榫舌测量图

榫舌宽度计算按式（7-1）：

$$W_1 = W_0 - W \tag{7-1}$$

式中　W_1——榫舌宽度，mm；

$\quad\quad W_0$——包括榫舌的实测宽度，mm；

$\quad\quad W$——地板实测宽度，mm。

5. 榫舌厚度和榫槽高度检验

榫舌厚度（t_1）、榫槽高度（h）检验是在地板宽度方向两边且距地板边 20mm 处用卡尺测量其最大厚度和最大高度，精确至 0.02mm，如图 7-4、图 7-5 所示。

单位:mm

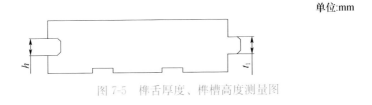

图 7-5　榫舌厚度、榫槽高度测量图

6. 翘曲度检验

（1）宽度方向凹翘曲度检验

将地板凹面（地板表面）向上放置在水平实验台面上，把刀口直尺或钢板尺垂直紧靠地板两长边，用塞尺量取最大弦高 h_{max}，精确至 0.01mm。最大弦高与地板实测宽度之比值为宽度方向凹翘曲度 f_{W1}，以百分数表示，精确至 0.01%，测量位置为长边任意部位，如图 7-6 所示。

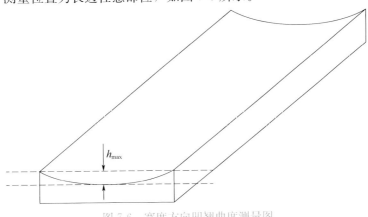

图 7-6　宽度方向凹翘曲度测量图

宽度方向凹翘曲度计算按式（7-2）

$$f_{W1} = (h_{max}/W) \times 100\% \tag{7-2}$$

式中　f_{W1}——宽度方向凹翘曲度，%；

$\quad\quad h_{max}$——最大弦高，mm；

W——地板实测宽度，mm。

（2）宽度方向凸翘曲度检验

将地板凸面（地板表面）向上放置在水平实验台面上，把刀口直尺或钢板尺垂直地板两长边，用卡尺测量最大弦高 h_{max}，精确至 0.02mm；最大弦高与地板实测宽度之比值为宽度方向凸翘曲度 f_{W2}，以百分数表示，精确至 0.01%，测量位置为长边任意部位，如图 7-7 所示。

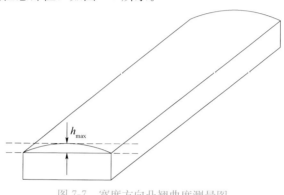

图 7-7　宽度方向凸翘曲度测量图

宽度方向凸翘曲度计算按式（7-3）

$$f_{W2} = (h_{max}/W) \times 100\% \tag{7-3}$$

式中　f_{W2}——宽度方向凸翘曲度，%；

　　　h_{max}——最大弦高，mm；

　　　W——地板实测宽度，mm。

（3）长度方向凹翘曲度检验

将地板凹面（地板表面）侧向放置在实验台面上，把钢板尺或钢丝绳垂直紧靠地板两端边，用塞尺取最大弦高 h_{max}，精确至 0.01mm；最大弦高与地板实测长度之比值为长度方向凹翘曲度 f_{l1}，以百分数表示，精确至 0.01%，测量位置为端边任意部位，如图 7-8 所示。

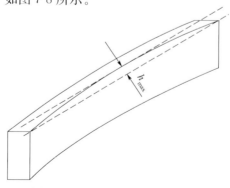

图 7-8　长度方向凹翘曲度测量图

长度方向凹翘曲度计算按式（7-4）

$$f_{l1} = (h_{max}/l) \times 100\%$$ (7-4)

式中 f_{l1}——长度方向凹翘曲度，%；

h_{max}——最大弦高，mm；

l——地板实测长度，mm。

（4）长度方向凸翘曲度检验

将地板凸面（地板表面）侧向放置在实验台面上，把钢板尺或钢丝绳垂直地板两端边，用卡尺测量最大弦高 h_{max}，精确至 0.02mm；最大弦高与地板实测长度之比值为长度方向凸翘曲度 f_{l2}，以百分数表示，精确至 0.01%，测量位置为端边任意部位，如图 7-9 所示。

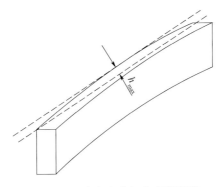

图 7-9　长度方向凸翘曲度测量图

长度方向凸翘曲度计算按式（7-5）

$$f_{l2} = (h_{max}/l) \times 100\%$$ (7-5)

式中 f_{l2}——长度方向凸翘曲度，%；

h_{max}——最大弦高，mm；

l——地板实测长度，mm。

7. 拼装离缝和拼装高度差检验

将 10 块地板按图 7-10 所示紧密拼装放置在水平试验台上，用塞尺测量 18 个点的拼装离缝（o）和高度差（h_1）最大值，精确至 0.01mm。

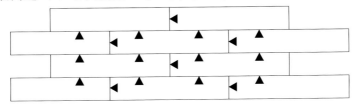

图 7-10　拼装离缝和高度差测量图

7.2.3 物理力学性能检验

1. 试件制作、试件尺寸和数量的规定

时间的制取位置、尺寸规格及数量按图 7-11 和表 7-11 的要求进行。如因地板条件尺寸偏小，无法满足试件尺寸和数量的要求，可继续随机从样本中抽取，直至能割制出所要求的全部试件为止。

制取漆板表面耐磨试件时，试件宽度达不到 100mm 时，可通过胶粘把两块试件拼接起来，且拼接线应居中，拼缝平整。

漆板含水率试件应去除表面漆膜。

试件的边角应平直，无崩边。长、宽允许偏差为 ±0.5mm，试件厚度为地板实际厚度。

图 7-11 试件制取示意图

表 7-11 地采暖用实木地板性能检测试件规格数量

检验项目	试件尺寸（长×宽）mm	试件数量/块	编号
试件含水率	20.0×板宽	9	1
漆膜表面耐磨	100.0×100.0	1	2
漆膜附着力	250.0×板宽	1	3
漆膜硬度	300.0×板宽	1	4

2. 含水率检验方法

（1）测定含水率时，试件在锯割后应立即进行称量，精确至 0.01g。如果不可能，应避免试件含水率在锯割到称量期间发生变化。

（2）试件在温度（103±2）℃条件下干燥至质量恒定，干燥后的试件应立即置于干燥器内冷却，防止从空气中吸收水分。冷却后称量，精确至 0.01g（前后相隔 6h 两次称量所得的含水率差小于 0.1% 即视为质量恒定）。

试件的含水率按式（7-6）计算，精确至 0.1%。

$$H = (m_u - m_0) / m_0 \times 100 \qquad (7-6)$$

式中　H——试件的含水率，%；

　　　m_u——试件干燥前的质量，g；

m_0——试件干燥后的质量，g。

一张板的含水率是同一张板内全部试件含水率的算术平均值，精确至0.1%。

3. 漆膜表面耐磨检验方法

（1）将纱布置于相对湿度为（65±5）%，温度为（23±2）℃条件下放置24h以上备用；

（2）用脱脂纱布将试件表面擦净并称重，精确至1mg；

（3）将试件油漆面向上安装在磨耗试验仪上，并将研磨轮安装在支架上，在每个接触面受力4.9±0.2N条件下磨耗100r，取下试件，除去表面浮灰称量，精确至1mg。

磨耗结果计算见式（7-7）：

$$F=m-m_1 \tag{7-7}$$

式中　F——磨耗值，g/100r；

m——试件磨前质量，g；

m_1——试件磨后质量，g。

试件磨透判定方法：磨耗100r后，在磨痕上涂少许彩色墨水，然后迅速放到水中冲洗或迅速用纸擦去，如磨痕上墨水不掉色，则判定为漆膜磨透。

4. 漆膜附着力检验方法

（1）在试件上取三个试验区域，如图7-12所示。

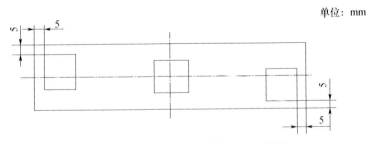

图7-12　漆膜附着力试件的试验区域图

（2）把握切割刀具，使刀垂直于样板表面，对切割刀具均匀施力，在间距导向装置内用均匀的切割速率在涂层上形成6条切割线，也可以用有6个切割刀的多刃切割工具一次形成6条切割线，所有切割都应划透至底层表面。

（3）重复上述操作，再作相同数量的平行切割线，与原先切割线成90°角相交，以形成网格图形。

（4）用软毛刷沿网格图形每一条对角线轻轻地向后扫几次，再向前扫几次。

（5）在观察灯下，用放大镜从各个方向仔细检查试验区域漆膜损伤情况。

（6）试验期间应经常检查刀片的刃口，发现磨损和碎缺应立即更换刀片。

结果与判定：

如果三个试验区域结果一致则按《色漆和清漆　漆膜的划格试验》GB/T 9286—1998 中 8.3 的规定进行分级，如果三个试验区域结果不一致则在三个以上不同位置重复上述试验。

5. 漆膜硬度检验方法

（1）试件的数量、规格按 7.2.3 中 1 的规定。

（2）原理、仪器、操作步骤和结果评定按《色漆和清漆　铅笔法测定漆膜硬度》GB/T 6739—2006 中第 4 章、第 6 章、第 9 章的规定执行。

7.2.4 耐热尺寸稳定性（收缩率）、耐湿尺寸稳定性（膨胀率）的试验方法

1. 试件制作、试件尺寸和数量的规定

样本及试样应从存放 24h 以上的产品中抽取。试件在样板任意位置边部制取，只在一个长度和宽度方向上裁切，另一个长度方向和宽度方向上不裁切。

试件尺寸和数量应符合表 7-12 要求。

表 7-12　耐热尺寸稳定性、耐湿尺寸稳定性试件

检验项目	试件尺寸/mm	试件数量/片
耐热尺寸稳定性（收缩率）	200（长）×60（宽）	6
耐湿尺寸稳定性（膨胀率）	200（长）×60（宽）	6

注：1. 每片地板最多锯制 2 块试件；

　　2. 锯口处用铝箔纸、铝胶带或其他防水材料密封；

　　3. 长度和宽度的测量在试件表面进行测量；

　　4. 顺纤维方向是长度方向，厚度是对地板自然厚度。

2. 耐热尺寸稳定性（收缩率）、耐湿尺寸稳定性（膨胀率）检验

（1）耐热尺寸稳定性（收缩率）检验

① 原理

测试试件在高温状态下尺寸变化的情况。

② 仪器

a. 调温调湿箱，可控温度（20±2）℃，相对湿度为（30±3）%和（90±3）%。

b. 空气对流干燥箱，恒温灵敏度±1℃，温度调控范围 40℃～200℃。

c. 游标卡尺，精度为 0.02mm。

③ 试验步骤

a. 在每个试件上画平行于长度、宽度方向的中心线。

b. 试件在温度（20±2）℃，相对湿度（65±5）%的条件下处理（24±0.25）h，测中心线长度（L_0）、宽度（W_0），精确到0.02mm。

c. 将试件放入温度为（80±2）℃的空气对流干燥箱内，保证空气循环。处理试件（24±0.25）h，取出试件。试件在取出干燥箱后，在室温条件下30min内，在原划线位置测量完所有试件的长度（L_1）、宽度（W_1），精确到0.02mm。

④ 结果表示

a. 用式（7-8）计算每个试件长度相对于其初始长度的变化百分率，精确到0.01%。

$$\Delta L = |(L_1 - L_0)/L_0| \times 100 \tag{7-8}$$

式中　ΔL——长度变化百分率，%；

　　　L_0——试件初始长度，mm；

　　　L_1——试件经高温处理后的长度，mm。

b. 按式（7-9）计算每个试件宽度相对于其初始宽度的变化百分率，精确到0.01%。

$$\Delta W = |(W_1 - W_0)/W_0| \times 100 \tag{7-9}$$

式中　ΔW——宽度变化百分率，%；

　　　W_0——试件初始宽度，mm；

　　　W_1——试件经高温处理后的宽度，mm。

c. 结果表示

被测试样的耐热尺寸稳定性（收缩率）分别为3个试件的长度、宽度变化百分率的算术平均值，精确值0.01%。

（2）耐湿尺寸稳定性（膨胀率）检验

① 原理

测试试件在高湿状态下尺寸变化情况。

② 仪器

a. 恒温恒湿箱，温度范围20～100℃，相对湿度30%～98%。

b. 游标卡尺，精度为0.02mm。

③ 试验步骤

a. 在每个试件上画平行于长度、宽度方向的中心线。

b. 试件在温度（20±2）℃，相对湿度（65±5）%的条件下处理（24±0.25）h，测中心线长度（L_0）、宽度（W_0），精确到0.02mm。

c. 将试件放入温度为（40±2）℃，相对湿度为（90±5）%的恒温恒湿箱中处理（24±0.25）h，取出试件，在室温条件下30min内，在原划线位置测量完所有试件的长度（L_2）、宽度（W_2），精确到0.02mm。

④ 结果表示

a. 按式（7-10）计算每个试件长度相对于其初始长度的变化百分率，精确到 0.01%。

$$\Delta L = (L_2 - L_0) / L_0 \times 100 \qquad (7\text{-}10)$$

式中　ΔL——长度变化百分率，%；

L_0——试件初始长度，mm；

L_2——试件经高湿处理后的长度，mm。

b. 按式（7-11）计算每个试件宽度相对于其初始宽度的变化百分率，精确到 0.01%。

$$\Delta W = (W_2 - W_0) / W_0 \times 100 \qquad (7\text{-}11)$$

式中　ΔW——宽度变化百分率，%；

W_0——试件初始宽度，mm；

W_2——试件经高湿处理后的宽度，mm。

c. 结果表示

被测试样的耐湿尺寸稳定性（膨胀率）分别为 3 个试件的长度、宽度变化百分率的算术平均值，精确值 0.01%。

8 地采暖用实木地板选购与服务

地暖在国际市场上被认为是相对科学合理、舒适健康、经济节能的取暖方式。目前，我国市场上的地采暖用实木地板品类繁多，规格不一，质量、外观、树种及价格等方面也千差万别，这给消费者选购带来诸多困难。

8.1 产品选购

8.1.1 外观

1. 颜色

地板颜色主要分为浅色、中色和深色。建议选用木纹清晰的地采暖用实木地板产品，另外，地采暖用实木地板颜色应根据家庭装饰面积的大小、家具颜色、家庭整体装饰格调以及家庭成员年龄等因素确定。

（1）根据房间面积大小。

面积大或采光好的房间，地采暖用实木地板颜色可选择的范围较大，深色、浅色均可，但用深颜色、纹理粗的地采暖用实木地板会使明亮的房间显得紧凑些；面积小的房间，选用浅色地采暖用实木地板给人以开阔感，显得房间宽敞不压抑。

（2）根据场所功用的不同。

例如客厅是活动多、接待客人多的场所，用浅色、柔和的地采暖用实木地板可营造明朗的氛围；卧室选用暖色调地采暖用实木地板；书房可选择拼花地采暖用实木地板，更具艺术文化气息。

（3）根据家具颜色不同。

家具是深色的，可用中色地采暖用实木地板进行调和，家具是浅色的则适宜选择浅色或暖色调地采暖用实木地板。

（4）根据居住人群不同。

80、90后的一代可采用浅色系列，以"白、灰"冷色调为基本颜色，富有年轻、时尚、简约感，从以往偏向于棕、红、黄等传统地板色调中脱离出来，打造一种全新的生活态度。年龄偏大的人可选择中色或深色地板，显得居室稳重、大气、华贵。

图 8-1　不同颜色地板铺装效果图

2. 纹理

地采暖用实木地板纹理主要由树种、心边材以及锯切方式决定。选用不同的切割方向，木材则会形成不同的纹理，主要包括山形纹、虎斑纹、直纹以及平切纹。

（1）山形纹

山形纹由弦切锯法形成，具有明显的颜色、纹路。弦切法首先沿着木桩横切面的弦、顺着树干进行切割，再旋转 90°切割，直到切割完毕。弦切木材的年轮与板面夹角一般小于 30°，故切割之后的纹路犹如山形，又如教堂尖顶，也可能出现虎斑纹。这种山形纹犹如水面扩散的涟漪一般，铺设后具有优美的视觉效果，因此颇受客户喜爱，如图 8-2 所示。

图 8-2　山形纹地采暖用实木地板

（2）直纹

直纹可由径切锯法形成，稳定性高。径切法是将木桩切割成四部分后再进行锯切，远离心材的部分称为径切板。径切板多为直纹，性质稳定，截面与年轮夹角为 30°～60°。由于径切直纹板具有出色的稳定性，能大大减少木材因天气变化、热胀冷缩带来的缝隙，因而对于喜爱地采暖用实木地板的客户而言，直纹地采暖用实木地板可谓是最佳选择，如图 8-3 所示。

图 8-3　直纹地采暖用实木地板

（3）虎斑纹

虎斑纹是首先将木材切成四等分，再将每个部分进行割锯，这些接近心材的木板便称为刻切板。年轮与板面夹角一般处于 60°～90°，所得的地采暖用实木地板纹理通直，常有优美的虎斑木纹，如图 8-4 所示。

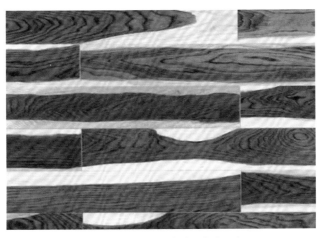

图 8-4　虎斑纹地采暖用实木地板

（4）平切纹

平切纹锯法简单，沿着木材横切面的弦进行整片切割，得到的木板宽度大，且纹路优美独特，如图 8-5 所示。

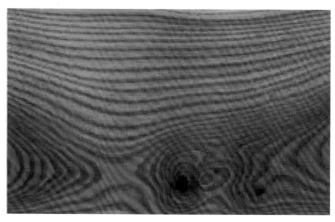

图 8-5　平切纹地采暖用实木地板

3. 质量

参照国家标准《地采暖用实木地板技术要求》GB/T 35913—2018，根据产品的外观质量、物理性能对产品划分为优等品、一等品和合格品。目前国内厂家出厂的产品一般都是合格品。选购时需注意三个等级都不允许地板表面有腐朽、缺棱现象；优等品、一等品不允许地板表面有裂纹，合格品允许有两条裂纹；优等品、一等品允许地板表面有 2～4 个活节，但有尺寸限制，合格品活节个数不限制。

4. 款式

地采暖用实木地板款式主要包括平面地采暖用实木地板、仿古地采暖用实木地板、拼花地采暖用实木地板三大类。平面地采暖用实木地板表面光滑平整。仿古地采暖用实木地板是将平面地板经过钝、刮、擦、刨、凿等传统手工和现代化工艺，通过波浪面、拉丝面、浮雕面、炭烧面、钝刀面等多种面层处理达到具有古典风格的一种地板。仿古地采暖用实木地板具有轮廓分明，色彩多变的特点，保留木材自然纹理的同时，人为增添斑节、表面的起伏元素，使地采暖用实木地板的纹理更具生命力和艺术感。拼花地采暖用实木地板是利用不同种类木材色彩与纹理的不同，拼接出多变的造型与图案，从而达到不同的装饰效果。消费者可根据需要选择不同款式的地采暖用实木地板。

（1）平面地采暖用实木地板（图 8-6）

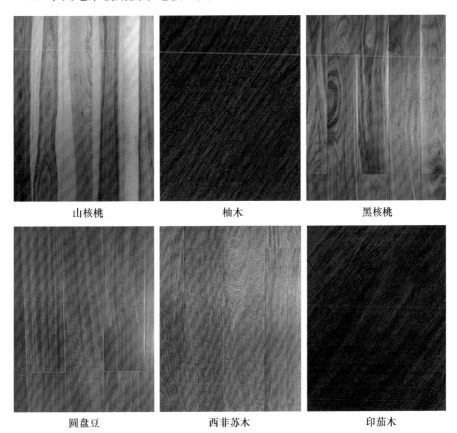

山核桃	柚木	黑核桃
圆盘豆	西非苏木	印茄木

图 8-6　平面地采暖用实木地板款式

（2）仿古地采暖用实木地板（图 8-7）

番龙眼钝刀	番龙眼锯齿	番龙眼雕花

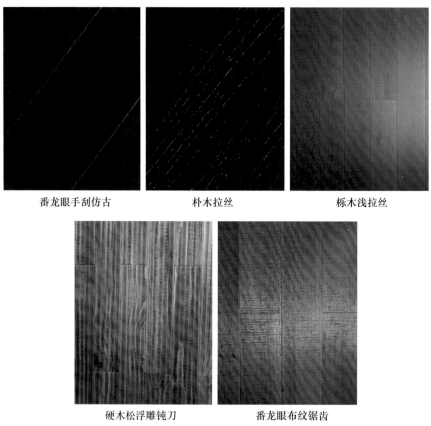

番龙眼手刮仿古　　　　朴木拉丝　　　　栎木浅拉丝

硬木松浮雕钝刀　　　　番龙眼布纹锯齿

图 8-7　仿古地采暖用实木地板款式

（3）拼花地采暖用实木地板（图 8-8）

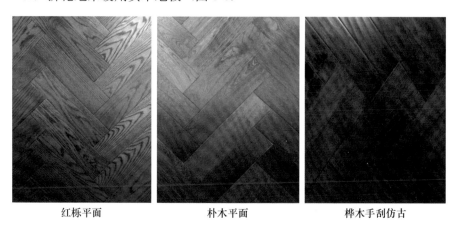

红栎平面　　　　朴木平面　　　　桦木手刮仿古

黑核桃平面　　　　　　番龙眼平面　　　　　　山核桃平面

图8-8　拼花地采暖用实木地板款式

8.1.2　材种

用于地采暖用实木地板的树种要求尺寸稳定性好，因此，不是所有树种都可用于地采暖用实木地板，目前地采暖用实木地板树种大多选择番龙眼、栎木、红橡、朴木、山核桃、樱桃木、圆盘豆、柚木、印茄木、油楠、亚花梨以及斯文漆木等性能优异的树种。

8.1.3　规格

地板的尺寸涉及地板抗变形的能力，其他条件相同时较小规格的地板更不易变形，因此建议消费者选择偏短、偏窄的地采暖用实木地板，其变形量相对小，可以减少地采暖用实木地板弯曲、扭、裂、拱等现象。此外也可根据地板价格和房间的大小选择地板尺寸，大尺寸的地板价格较高，面积小的房间不适宜铺设大尺寸的地板。目前市场上的地采暖用实木地板通常为锁扣结构，榫舌相对较宽，所以市场上常见的产品规格为长度600～1200mm，宽度90～170mm，厚度14～20mm。

8.1.4　性能

1. 耐污染

地采暖用实木地板对抗污性即耐脏性也有一定要求。选购时可通过在地板表面写字，再用湿布擦去，看是否留有笔迹。待字迹擦除之后，若地板表面依旧光洁如新，则可证明地板抗污性能非常好。

2. 尺寸稳定性

地采暖用实木地板使用寿命与环境息息相关，在四季分明的地区，非采暖期地面会承受各种潮气，而到了供暖期地面的温度骤然升高，导致地板承受温度与湿度的变化。所以选择地采暖用实木地板首先一定要选择稳定性好的，才能让地板经受住各种环境条件变化的考验。

3. 耐磨性

对于地采暖用实木地板来说，衡量地板是否耐磨，主要是看地采暖用实木地板的面层涂饰处理工艺。优质的地采暖用实木地板表面层一般在 0.3～0.6mm 范围中，同时，在选购时可查看检验报告，地板的表面耐磨性是否达到国家标准要求，耐磨耗值是否比传统指标高，也可以用钥匙等硬物在地采暖用实木地板表面进行刮擦，看是否留下明显的痕迹，若地采暖用实木地板表面并未出现明显刮痕，则证明地板耐磨性能优异（图 8-9）。

图 8-9　地采暖用实木地板耐磨性测试

8.1.5　地板与家具的搭配

1. 地板与家具色彩的搭配

好的色彩搭配是渲染居室的关键要素，地采暖用实木地板颜色与家具搭配和谐协调，可以提高居室的整体美感。在与家具搭配时，尽量做到同色系相配、近色系相配、对比色系相配的原则。

（1）同色系相配

居室配色基本是以类似色度为主，选择了仿红木的实木家具，可用红色系的榆木、香脂木豆地板与之搭配；选择了褐色为主白色镶配的家具，可用褐色系的柚木、二翅豆地板相配。同色系相配，严谨、有序、大气，展现简约时尚美。

（2）近色系相配

选择了黑胡桃贴面板的家具，可用褐色的橡木、白蜡木、绿柄桑地板配色相配。地板与墙面之间的近色系搭配对整个空间视觉效果起决定性作用，绿色墙壁，可选择略带黄色的木地板，营造温暖氛围。红色调地板给人强烈的感觉，红茶色地板宜配粉色调象牙色墙壁，深茶色地板宜配卡司米色墙壁。近色相配，装修风格显得活泼、和谐并且秀气。

（3）对比色系相配

对比色系相配虽然可以增加空间层次感，但选择上要慎用，配色既要有对比强烈的效果，又要有和谐映衬的作用。深红色系的仿古家具，可采用浅黄色系枫木地板配色，这种地板黄中偏白，与深红色家具形成鲜明协调的对比效果。

2. 地板与家具风格的搭配

选择地板时除了要考虑颜色以外，还应注意地板同家具风格相谐调搭配。一般家具的装饰风格主要分为现代简约风格、田园风格、欧式风格以及中式风格等样式。

（1）现代简约风格

现代简约风格的色调以白色或纯度较高的素色居多。室内整体色调以白色为主，木地板宜选用浅色调，如栎木、白蜡木及松木等（图8-10）。

图 8-10　现代简约风格

（2）田园风格

田园风格轻松且舒适，给人回归自然和返璞归真的感觉。优雅的具有大型花纹图案的橡木地板更能演绎田园风格。在颜色的选择上，首选温和的浅色系，也可选用带有一些貌似瑕疵的地板，如树节及虫眼等，体现出一种自然生态之美（图8-11）。

图 8-11　田园风格

（3）欧式风格

欧式古典风格一般选用典雅高贵、富有浪漫气息的材种，如合欢木及槐木等木地板。北欧风格的家具时尚又简洁，与橡木、枫木、松木及胡桃木等大纹理木地板相得益彰，不宜使用细纹理和直纹理的木质。在颜色的选择上，更适合浅色的木地板，让人视觉有延伸感（图 8-12）。

图 8-12　欧式风格

（4）中式风格

中式家具多为造型简练、线条流畅的黑色及深栗色，地板可选用柚木系或花梨木、香脂木豆或红橡等红色类材种，具有文化气息和喜庆吉祥的氛围。浅色调木地板材料不常见，但暖色的格调，也可营造出和谐及素雅的氛围，体现出中式室内的文化意境和内涵（图 8-13）。

图 8-13 中式风格

（5）新中式风格

新中式是中国传统风格文化意义在当前时代背景下的演绎，是对中国当代文化充分理解基础上的当代设计。新中式是传承传统中式风格的精髓，通过与现代潮流的对话碰撞而产生的创新，在设计上延续了明清时期家居配饰理念，提炼了其中经典元素并加以简化和丰富，在家具形态上更加简洁清秀，同时又打破了传统中式空间布局中等级、尊卑等文化思想，空间配色上也更为轻松自然，极具东方魅力。新中式仍主要采用红木等元素，但经过一定程度适应现代生活的简化、变形及重组，极其讲究空间的层次感和跳跃感，一般使用简约化的中式家装配以简单造型，使整体空间更加丰富有格调。新中式风格装修一般以红棕色、红色、黄色及深棕色为主，还有部分家庭为了配合装修选择黑胡桃色的地采暖用实木地板（图 8-14）。

图 8-14 新中式风格

（6）地中海风格

地中海风格少了传统实木家具的中庸，多了一些简洁轻松与浪漫，设计中还融入了地中海一带国家的文化元素，给人一种浪漫清新的感觉。在选色上，一般选择直逼自然的柔和色，在组合设计上注意空间搭配，充分利用每一寸空间，不显局促、不失大气，让人时时感受到地中海风格家具散发的田园气息和文化品位。地中海风格地采暖用实木地板一般为浅色，这是大多数地中海风格的装修中选用的地板颜色，可以选择榆木、白橡木等浅色系木材为原材料的地板（图8-15）。

图8-15　地中海风格

8.3　选购渠道

1. 地采暖用实木地板专卖店

专卖店是营销选购渠道的重要组成部分，它将产品更加直接地展现给消费者，也让生产者能快速获取市场的真实信息。专卖店已成为企业品牌发展的堡垒、信息交互的窗口和价值提升的平台。专卖店品牌产品齐全、能直接展示，服务专业，并且还有地采暖用实木地板与家居的实景搭配，给予消费者更直观的感受（图8-16）。

2. 建材市场

大部分地采暖用实木地板企业都会与建材市场合作，如红星美凯龙、居然之家、月星家居、金盛家居及喜盈门家居等，从而进一步扩大品牌宣传力与影响力。到建材市场购买地板有诸多优点，可以一次性看到不同地板品牌，价格上作比较，材种上做对比，货比三家，一目了然，建材市场也会有集中的、大型的促销活动，叮选购到价格实惠的好地板。

图 8-16　专卖店展示图

3. 电商平台

目前互联网电子商务平台销售在众多渠道中脱颖而出。它的几个特点直接显示出它在当前环境下的优点：

第一是经营成本低廉。实行互联网电子商务平台销售相对比维护一个实体店的费用要低廉很多，通过互联网传播信息的性价比也是很高的。第二是通过互联网电子商务平台销售拉动实体店的销售。互联网丰富的信息和带来的便捷，已经成为很多人生活的一部分，增加知名度的作用也是不言而喻的，通过口碑营销方式，形成网络线上和线下的互相转化，拉动一部分线下销售。第三是作为传统实体销售布点不完整的公司，运用互联网的无处不在实现点对点的销售，填补渠道空白，建立立体式的销售渠道模式。第四是通过在线销售可以进行网上招商维护。一旦形成强有力的网络推动，其势头会远远超过其他媒体宣传带来的效果，但是关键是需要进行日常有效的维护。

依托多元化互联网电子商务平台购物网站，建立网络销售展示平台，组织电子商务人员进行实时销售。其前提：

（1）避免窜货或者是市场紊乱。

（2）经过调查沟通，根据市场实际，统一市场销售价格，制定高低适中的互联网销售价格体系。

（3）渠道扁平，强制采用全国统一价格。

（4）在制定合理价格体系的同时，从价格政策和对经销商的其他政策出发解决问题，兼顾运费或者是公司承担运费，从而强制统一全国价格。投入成本大、操作难度亦非常之大。

地板互联网电子商务平台销售要考虑产品的价格、目前具有的销售渠道资源及其他资源的配合，从实际出发，根据所处的发展阶段制定自己的网络销售模式，不能大跃进，不能不启动。根据分析，目前可以操作的是以销售的经营者划分，即经销商作为经营网络销售的主体，公司行使管理监督权力。

4. 新零售

新零售，即企业以互联网为依托，通过运用大数据、人工智能等先进技术手段，对商品的生产、流通与销售过程进行升级改造，进而重塑业态结构与生态圈，并对线上服务、线下体验以及现代物流进行深度融合的零售新模式。打破界限、融合共通是传统地采暖用实木地板行业转型发展的新常态，线上线下真正融合，即把线下的商品、服务、店铺还有客户全部数据化，就是未来的新零售。

8.4 服务

由于木材的自然特性受气候影响较大，一些变化要经过一定的季节才能表现出来，因此地采暖用实木地板的售后服务尤为重要。建议消费者在购买地采暖用实木地板时应办理完整的购买手续，坚持"谁销售地板，谁负责施工和售后服务"的原则。另外，消费者在最终能确定购买地采暖用实木地板并准备签署合约时，必须要求商家在合约上注明所购地板是"地暖用地板"产品。

优质的售后服务是一个品牌具有较高的信誉度和美誉度的主要标志，是企业和顾客都应重视的环节。服务人员应本着"为消费者提供全方位地板问题解决方案"的宗旨，从导购、售中、安装及售后四个环节，量化操作步骤、规范服务细节，致力于为消费者提供专业的解决方案。优质的售后服务应建立在消费者充分参与、客观评定和严格监督的基础之上，对服务人员的沟通范围、专业能力和知识素养提出更高的要求，及时回应，做到事前预防、事中跟踪及事后服务。

9 地采暖用实木地板铺装、验收与使用

为了保证地采暖用实木地板的铺装效果，满足消费者的使用要求，必须高度重视地采暖用实木地板的铺装、验收与使用。

9.1 地采暖用实木地板铺装前要求

地采暖用实木地板的铺装看起来是一门"手艺"，实则是综合技术、经验甚至美学等多方面学识的过程。在了解地采暖用实木地板铺装方法之前，首先需要了解一些铺装的基本知识，这样有助于提高地采暖用实木地板的铺装质量。

9.1.1 基本要求

（1）在铺装前，应将铺装方法、铺装要求、工期及验收规范等向用户说明并征得其认可。

（2）地板铺装应在地面隐蔽工程、吊顶工程、墙面工程、水电工程完成并验收后进行。

（3）地面基础的强度和厚度应符合《建筑地面工程施工质量验收规范》GB 50209—2010 的相关规定。

（4）地面应坚实、平整、洁净且干燥。

（5）地面含水率不得大于 10%，否则应进行防潮层施工或采取除湿措施使地面含水率合格后再铺装；与土壤相邻的地面，应进行防潮层施工。

（6）拟铺装区域应有效隔离水源，防止有水源处（如暖气管道、厨房、卫生间等）向拟铺装区域渗漏。

（7）墙面应同地面相互垂直，在距离地面 200mm 内墙面应平整，用 2m 靠尺检测墙面平整度，最大弦高宜≤3mm。

（8）严禁使用超出强制性标准限量的材料。

（9）室内外温差大的区域，地板应在铺装地点放置 24h 后再拆包铺装。

（10）地面工程施工质量应符合《建筑地面工程施工质量验收规范》GB

50209—2010 的相关规定。

（11）用 2m 靠尺检测地面平整度，靠尺与地面的最大弦高应≤3mm。

（12）混凝土或水泥砂浆填充式地面辐射供暖，宜铺设均热层；预制沟槽保温板地面辐射供暖，宜铺设绝热层、均热层。

（13）地面不允许打眼、钉钉，以防破坏地面供暖系统。

（14）采用直接胶粘法铺装时，室内环境温度在 5℃ 以上。

9.1.2　供暖系统要求

（1）地面供暖系统必须采用标准元件，供暖系统应封闭、绝缘。

（2）应在地面供暖系统加热试验合格后进行铺装。

（3）供热温度均匀，使用水暖的，地面温度不能超过 42℃，供水温度不能超过 55℃。使用电暖的，电暖地面最高温度不能超过 35℃，供暖系统 24h 内允许的最大温度变化是 5℃。实木地板上表面温度应不超过 27℃。

9.1.3　铺装材料要求

（1）选用地采暖用实木地板专用防潮垫。

（2）木质踢脚板背面应有防潮措施，踢脚板厚度需大于地板伸缩缝。

（3）扣条、压条、收边条及防潮膜等辅料满足相关铺装要求。

9.1.4　铺装工具要求

地板铺装的准备工作主要包括铺装工具、清理地面以及标明房屋已有管道和线路等。地板铺设时需要借助一些通用和专用工具，主要包括：

（1）常用电动工具：圆锯、木工平头锯及角磨机等。

（2）常用工具：角尺、榔头、钢锯、铅笔、刨子、撬杠、小木楔、塑料垫片及敲块等。

（3）专用工具：撬杠、敲块及塑料垫片。

9.1.5　用户认可

铺装单位提供验货单，用户根据以下条款检验并签字确认。

（1）地板包装和标识的验收。地板包装应完好，包装内应有产品质量合格证或标识。产品包装应印有或贴有清晰的中文标识，如生产厂名、厂址、产品名称、执行标准、规格、木材名称、等级、数量和批次号等。

（2）地板产品的验收。用户应核对所购地板标识、实物和数量与合同的一致性。

（3）其他主要材料的要求。铺装单位应给用户明示胶粘剂等主要材料的合格证或标识。

（4）产品数量核定。通常地板铺装损耗量小于铺装面积的 5%，特殊房间和特殊铺装由供需双方协商确定。

9.2 铺装方式

目前，地采暖用实木地板常用的铺装方式有悬浮法和直接胶粘法。

9.2.1 悬浮法

铺装前的准备参照 9.1.1 规定进行。

（1）防潮膜铺设

防潮膜铺设要求平整并铺满整个地面，其幅宽接缝处应重叠 200mm 以上并用胶带黏结严实，墙角处翻起大于等于 50mm。

（2）地垫铺设

地垫铺设要求平整不重叠地铺满整个铺设地面，接缝处应用胶带黏结严实。

（3）地板铺装

地板铺装时，应满足下述要求：

① 地板与墙及地面固定物间应加入一定厚度的木楔，使地采暖用实木地板与墙面保持 10～25mm 的距离（依据产品尺寸稳定性控制距离）。

② 采用错缝铺装方式时，长度方向相邻两排地板端头拼缝间距应不小于 200mm。

③ 同一房间首尾排地板宽度宜不小于 50mm。

④ 地板拼接时可施胶，涂胶应连续、均匀、适量，地板拼合后，应适时清除挤到地板表面上的胶粘剂。

⑤ 地采暖用实木地板铺装宽度不小于 5m，铺装长度不小于 8m。当铺装宽度不小于 8m 时，应在适当位置进行隔断预留伸缩缝，并用扣条过渡。靠近门口处，宜设置伸缩缝，并用扣条过渡，扣条应安装稳固。

⑥ 地板侧面、端面和切割面可进行防潮处理。

⑦ 在地板与其他地面材料衔接处，预留伸缩缝不小于 8mm，并安装扣条过渡，扣条应安装稳固。

⑧ 在铺装过程中应随时检查，如发现问题应及时采取措施。

⑨ 安装踢脚线时，应将木楔取出后方可安装。

⑩ 铺装完毕后，铺装人员要全面清扫施工现场，并且全面检查地板的铺装质量，确定无铺装缺陷后方可要求用户在铺装验收单上签字确认。

⑪ 施胶铺装的地板应养护 24h 方可使用。

（4）踢脚线安装

踢脚线应安装牢固，上口应平直，安装质量要求见表 9-1。

表 9-1　踢脚线安装质量要求

项目	测量工具	质量要求
踢脚线与门框的间隙	钢板尺，精度 0.5mm	≤2.0mm
踢脚线拼缝间隙	塞尺，精度 0.02mm	≤1.0mm
踢脚线与地板表面的间隙	塞尺，精度 0.02mm	≤3.0mm
同一面墙踢脚线上沿直度	5m 细线绳 钢板尺，精度 0.5mm	≤3.0mm/5m （墙宽不足 5m 时，按 5m 计算）
踢脚线接口高度差	钢板尺，精度 0.5mm	≤1.0mm

（5）铺装质量要求

铺装质量要求见表 9-2。

表 9-2　地采暖用实木地板铺装质量要求

项目	测量工具	质量要求
表面平整度	2m 靠尺 钢板尺，分度值 0.5mm	≤3.0mm/2m
拼装高度差	塞尺，分度值 0.02mm	≤0.6mm
拼装离缝	塞尺，分度值 0.02mm	≤0.8mm
漆面	—	无损伤、无明显划痕
异响	—	主要行走区域不明显

注：非平面类仿古木质地板不检拼装高度差。

9.2.2　直接胶粘法

铺装前准备参照 9.1.1 规定进行。地面应进行防潮层施工，测量并计算所需踢脚线、扣条数量。

（1）地板铺装

地板铺装时，应满足下述要求：

① 铺装时在地面或地板背面涂胶，可施点胶或面胶。

② 采用错缝铺装方式时，长度方向相邻两排地板端头拼缝间距应不小于 200mm。

③ 同一房间首尾排地板宽度宜不小于 50mm。

④ 根据施工环境温湿度情况，适时陈放后按铺装方案进行地板粘贴。在地板粘贴过程中，采用橡胶锤锤紧或辊轮辊压等方式，将地板与地面紧密胶合。

⑤ 在地板与其他地面材料衔接处，应征求用户意见进行隔断，可安装扣条

过渡或用弹性密封材料填充，扣条或弹性密封材料应安装稳固。

⑥ 在铺装过程中应随时检查，如发现问题应及时采取措施。

⑦ 铺装完毕后，铺装人员要全面清扫施工现场，并且全面检查地板的铺装质量，确定无铺装缺陷后方可要求用户在铺装验收单上签字确认。

⑧ 施胶铺装的地板应养护 24h 方可使用。

（2）踢脚线安装

同 9.2.1（4）相同。

（3）铺装质量要求

同表 9-2。

9.3　验收与使用

9.3.1　验收

（1）验收时间

地板铺装结束后三天内验收。

（2）验收要点

① 悬浮铺设法地板竣工验收时，门口处宜设置伸缩缝，并用扣条过渡，门扇底部与扣条间隙不小于 3mm，门扇应开闭自如，扣条应安装稳固；表面应洁净、平整；地板外观质量应符合相应产品标准要求；铺设应牢固、不松动，踩踏无明显异响。

② 直接粘贴法铺装地板竣工验收时，与其他地面材料衔接处，宜采取合理间隔措施，设置不大于 3mm 的伸缩缝，可用扣条或填充弹性密封材料过渡，扣条或弹性密封材料应安装稳固；底部与扣条间隙不小于 3mm，门扇应开闭自如；表面应洁净、平整；地板外观质量应符合相应产品标准要求；铺设应牢固、不松动。

（3）脚线安装质量验收

按 9.2.1（4）表 9-1 中的规定进行。

（4）地板面层质量验收

按 9.2.1（4）表 9-2 中的规定进行。

（5）总体要求

地板铺设竣工后，铺装单位与用户双方应在规定的验收期限内进行验收，对铺设总体质量、服务质量等予以评定，并办理验收手续。铺装单位应出具保修卡，承诺地板保修期内义务。

9.3.2　使用

（1）定期清洁维护。定期吸尘或清扫地板，防止沙粒等硬物堆积而刮擦地板表面；用不滴水的拖布拖擦，按厂家要求进行清洁和保养；局部脏迹可用中性清洁剂清洗，严禁使用酸、碱性溶剂或汽油等有机溶剂擦洗。

（2）防止阳光长期曝晒。

（3）室内湿度不大于45％时，宜采取加湿措施；室内湿度不小于75％时，宜通风排湿。

（4）避免金属锐器、玻璃、瓷片及鞋钉等坚硬物器划伤地板；搬动家具和重物时避免拖挪或砸伤地板。

（5）不宜用不透气材料长期覆盖。

（6）禁止地板接触明火或直接在地板上放置大功率电热器；禁止在地板上放置强酸性和强碱性物质。

（7）铺装完毕的场所如暂不使用，应定期通风。

（8）避免卫生间、厨房等房间的水源泄漏。

（9）在使用地面辐射供暖系统时，应缓慢升降温，建议升降温速度不高于3℃/24h，以防止地板开裂变形。

（10）建议地板表面温度不超过27℃，不得覆盖面积超过1.5m²的不透气材料，避免使用无腿的家具。

10 地采暖用实木地板
常见误区与案例

10.1 地采暖用实木地板常见误区

误区一：实木地板不能用于地暖环境

很多消费者对于实木地板情有独钟，但普通的实木地板用在地暖环境时有可能受环境影响产生翘曲或开裂的情况，尤其是北方的消费者，认为实木的木质细胞是活的，在地暖的高温环境下，地板可能会产生开裂、离缝及变形等各种问题，所以选择放弃使用舒适、环保及节能的地采暖用实木地板。

但实际上，地暖技术经过多年发展，已经完全克服了这些问题，地板行业专家也早就提出"经过技术处理的实木地板是可以应用于地暖地板，并且稳定性较好"。实木地板用在地暖环境对材种、含水率、技术和品质有更严格的要求。按照技术要求经过特殊处理后，完全可以用作地暖环境，并且具有很多优点。实木地板脚感舒适，健康放心，但也并非所有实木地板均适用于地暖环境，只有达到国家标准的地采暖用实木地板产品方可使用（图10-1）。

图 10-1　实木地板用于地采暖环境

误区二：只重购买，不重铺设

地采暖用实木地板只是半成品，铺装环节是影响地采暖用实木地板质量的重要因素，即便是好产品铺装不当也会出现问题。地采暖用实木地板一般采用锁扣结构，如非专业人员安装，容易破坏地板的整体结构，在地暖环境中出现拔缝和拱起等现象，因此造成使用后带来的种种烦恼。

综上所述，在选购时注重产品品质的同时，还应注重该企业地采暖用实木地板的安装体系和售后服务体系，体系健全、专业强的品牌才值得信赖。地采暖用实木地板作为一种耐用消费品，消费者除了考虑产品本身以外，更需要考虑铺装以及后期维护保修等问题。建议消费者选择专业性强的企业，以便能够提供完善的售后服务。在选购产品时，应明确"谁销售、谁安装、谁售后"的问题，在选购时不能单单只看价格是否便宜，更要重视产品质量、安装专业性及售后服务能力三项内容（图 10-2）。

图 10-2　售后服务

误区三：过分挑剔色差，追求纹理一致

地采暖用实木地板是天然的木制品，树种由于种植地点不同、阳光照射不同以及温湿度不同等，其色泽也存在不同。此外，即使是同一木材锯剖下来的板材，也会因为锯剖的位置不同、颜色深浅不同（边材色浅、心材色深）、木材纹理不同，导致地采暖用实木地板在客观上会存在色差和花纹不均匀的现象。

同时，国家标准对地采暖用实木地板的色差不做任何要求，因此在挑选地板时，不必过分苛求颜色和纹理一致，在铺装时注意调整搭配，自然过渡色差就能达到完美、自然的效果（图 10-3 和图 10-4）。

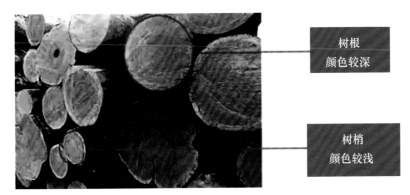

图 10-3　树根、树梢色差图

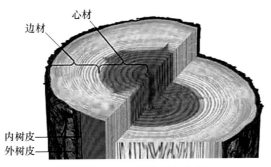

图 10-4　心材、边材色差图

误区四：地采暖用实木地板产生响声就是质量问题

　　地采暖用实木地板在使用过程中产生响声不一定是产品质量问题，可能是地板安装不当所导致的。①地面不平。很多客户地面没有做自流平，达不到 2m 之内小于 3mm 的误差，如果不做自流平，仅凭肉眼判断，几乎很难达到铺设平整的要求；②安装时不小心将槽口敲碎。未使用专业安装工具进行安装，槽口很容易被榔头敲碎或已经有裂纹，这样地板被装进去后，肯定要响；③地板本身有一定的顺弯。顺弯在国标中只要不超过长度方向的 1‰，其实是合格的，但将顺弯接近 1‰ 的地板全部铺在中间，也极易引起响声，所以一般发现这种地板时，专业的安装工人会挑出来锯头使用或安装在墙角边；④打精油。打精油也容易引起响声问题，因此一有响声就觉得是质量问题，这是不科学的。现在一些品牌，为了避免响声的出现，已经开发出新的产品，在地暖地板的背面贴一层防潮静声垫，这样虽然增加了成本，但却使地板的稳定性更好，也减少了响声的出现，消费者在选购时应重点考虑这些产品（图 10-5）。

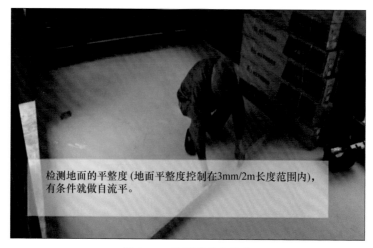

检测地面的平整度(地面平整度控制在3mm/2m长度范围内),有条件就做自流平。

图 10-5　地面平整度检查

误区五:地采暖用实木地板不好打理

用于地暖的实木地板,其使用和保养都比较简单,打理起来也很方便,地采暖用实木地板具备吸潮能力,冬暖夏凉,只要在日常生活中多加注意,控制好温度与湿度条件,一般冬天加湿,夏天除湿,就能让地采暖用实木地板的性能更持久,使用寿命更长。地采暖用实木地板属于耐用的产品,可以重复使用,如保养得当,已经百年历史但还在使用的并不少见(图 10-6)。

图 10-6　地采暖用实木地板打理

误区六:较宽的地采暖用实木地板更适合地暖

许多新居面积较大的消费者在选购地采暖用实木地板时,为了达到更好的装饰效果，也为了彰显自己的身份，往往会挑选尺寸规格较大的地板，有些地板宽度可达 18cm。其实即使不采用地暖，在日常装修中，设计师也大多不建议用户选购规格较大的地采暖用实木地板，以免地板受潮出现离缝或者翘边现象。在给地板加热的情况下，水分散发很快，更容易出现离缝或翘边现象。但如果为了美观，需要选购大规格的地采暖用实木地板时，建议选择专业品牌。地采暖用实木地板稳定性除了材种特性及地板规格外，最重要就是生产工艺，重中之重就是专业的养生处理，保证地板的含水率均匀，并且适应使用地的气候环境。

误区七：铺装地采暖用实木地板必须用铝膜地垫

"地热必须使用铝膜地垫"的说法是最典型的误导消费。实践证明，地热供暖系统中，热量的传递主要是靠辐射，其次是空气对流，最后才是热传导。如果地采暖用实木地板下面多了一层铝箔，就会形成热反射。另外，在保持地暖表面温度相同的情况下，带铝膜的泡沫垫热阻更大，不带铝膜的泡沫垫的热阻小，更有利于热量从地采暖用实木地板传导至表面。因此，用户在选购地采暖用实木地板时，应该选择地暖专用泡沫垫，不能为了便宜或省事就选择市面上普通带铝膜的泡沫垫。

误区八：地采暖用实木地板下面铺细木工板更牢固

有些朋友在装修时，为了增加地采暖用实木地板的牢固程度和脚感，特意在地采暖用实木地板下用细木工板来打底，这种做法尤其不该在铺装地采暖用实木地板时使用。在地板下面铺胶合板或细工木板，不仅不利于热量传导，无形中使热量在传导过程中增加损耗，而且如果选购的细木工板的环保质量不过关，很容易导致室内空气中的甲醛含量超标。另外，如果这些细木工板的含水率不达标，铺装后水分受热蒸发，又会引发地采暖用实木地板起拱等现象。因此，在地采暖用实木地板下面用细木工板打底，实在是弊多利少，画蛇添足。

误区九：地采暖用实木地板上可随意摆放家具

人们对于家庭装修越来越追求个性化，许多个性化的组装家具应运而生，可以根据主人的喜好任意拼装，随意摆放。如果家里铺设了地暖系统，在选购个性家具时就要格外留意，因为很多个性家具都是底层直接与地面接触的"无腿"家具。如果室内铺装的是地采暖用实木地板，家具、地毯大面积直接覆盖地板，就会使此处的热量聚集，不仅浪费了热能，还容易导致地采暖用实木地板受热不均，出现变形、开裂等情况。同时建议地采暖用实木地板宽度方向的房间两边不要同时放置重量大的家具，因为两边都压死后地板无法通过锁扣的拉力拉动地板，最终会造成锁扣断裂。

误区十：地采暖用实木地板打蜡越多越好

打蜡通常用在地采暖用实木地板的保养上，使用量大，地板表面太滑，使用不安全，同时不易清洁，而且容易产生响声。其实现在的地采暖用实木地板油漆质量很好，一般是 UV 漆，为紫外光固化漆：它是立体状结构，硬度大，耐磨性好，透明度好，产品耐刮擦，经得起时间的考验，通常不需要经常打蜡，正常清洁就可以（图 10-7）。

图 10-7　地采暖用实木地板打蜡保养

误区十一：选购地采暖用实木地板时耐磨性不需要考虑

说到耐磨性，可能大部分消费者朋友在选择地采暖用实木地板时往往会忽略，因为这些朋友认为耐磨性能是针对强化复合地板而言的。在一些家居市场工作的销售人员也透露，一般消费者挑选地采暖用实木地板时很少有注意耐磨性能的，普遍对地采暖用实木地板的选材、花色和工艺比较关注。

其实对于地采暖用实木地板来说，无论是在国家标准的规定中，还是在我们日常使用过程中，耐磨性能都是非常重要的，是衡量地采暖用实木地板质量的一项重要指标。客观来讲，耐磨性能越好，地采暖用实木地板使用的时间应该越长，当然耐磨性能的高低并不是衡量地采暖用实木地板使用年限的唯一标准。

所以广大消费者朋友在选购地采暖用实木地板时，除了考虑花色、选材和工艺等因素之外，耐磨性能也要列为重点考虑的因素。尤其是对于家里有小孩的家庭而言，地采暖用实木地板的耐磨性能更是重中之重的考虑因素。

10.2　地采暖用实木地板常见案例解析

案例一：地采暖用实木地板颜色发生变化

2012 年山东聊城的王先生购买了 75m² 的地采暖用实木地板，铺装后整体效果很好，没有任何瑕疵，但使用了一年后地板出现变色现象。王先生马上联系了经销商，经销商到现场后发现地板确实存在变色现象，地板下方的防潮膜已被破坏。经销商了解各种情况后，发现王先生家的地暖不是连续供热。

案例分析：王先生家小区的地暖，电费采用峰、谷、平收费方法，即在晚 12 点以后电费半价（谷）。王先生白天把开关关掉，在晚 12 点以后将电热设备打开，房间虽然设定温度为 20℃ 左右，但由于房间的实际温度比较低，达到设定温度需要的时间比较长，造成地板下面的电热系统一直在加温，地板防潮膜被破坏，产生透气，外界的潮气进入地板，导致地采暖用实木地板变色、变形，这种做法违反了《辐射供暖供冷技术规程》JGJ 142—2012 中地表温度控制在 40℃ 左右的要求。如果王先生家的地板下面安有温控装置，当地面的温度达到设定温度时，系统可以及时切断电源，温度得到有效控制，避免变色、变形问题发生，就可以保证安全供暖及地板的安全。

正确的做法：连续平稳供暖，不急升温，防潮也要做好，在安装地板前先将地热系统打开一周，将地面水分充分烤干，在地面含水率达到 15% 以下后安装地板，同时在卫生间门口、阳台口易受潮的位置做防潮处理，不然受潮后地板极容易变黑。

案例二：伸缩缝留得过小导致地采暖用实木地板起拱

2016 年江苏徐州的陈先生在商场订购了 80m² 的地采暖用实木地板，安装后发生大面积起拱现象，投诉后，专卖店去客户家观察，堪查后发现起拱是因为没有使用地采暖用实木地板专用脚线。

案例分析：普通实木地板安装人员在客厅和卧室的铺装过程中墙的周边留伸缩空间8～10mm就够了，但对于地采暖用实木地板（特别是锁扣地采暖用实木地板）预留的普通伸缩缝隙就太小了，虽然地采暖用实木地板生产过程中经过特殊技术处理，但木材吸水膨胀、失水干缩的本性并没有改变，而冬天地暖环境中空气湿度相对干，很多时候湿度小于40%，而在夏天的雨季空气湿度又超过80%，在这样湿度差极大的情况下，周边伸缩缝如果按普通的8～10mm预留，更有为了美观而将地板与大理石面顶死，就造成冬天失水干缩，夏天吸水膨胀，肯定要出问题。现在市场上专业的实木脚线大多在30mm以上，就是为加大地板膨胀与收缩的空间，避免问题的出现。专家同时建议在冬天尽可能使用加湿器让湿度保持在50%以上，夏天使用抽湿机或打开空调，让湿度保持在70%以下，这样双管齐下，就不会出现起拱或收缩问题。

案例三：地采暖用实木地板跨度过大引起的质量问题

上海的陈女士于2015年2月21日购买了120m²的地采暖用实木地板，3月10日装饰公司木工人员到陈女士家进行铺设地板，安装结束，并未有任何质量问题，陈女士欣然验收签字。但是过了两个月后，地采暖用实木地板出现起拱现象。陈女士感到非常气愤，打电话给经销商，要求赔偿。因为客户已经使用了实木地暖专用脚线，预留缝应该足够了，经销商到现场后发现确实使用了地暖专用脚线，同时也起开了脚线，发现预留缝还在，那为什么会起拱，后来发现，陈女士为了美观要求统铺，房间与过道、客厅，全部连接在一起铺设，完全没有做隔断，这是造成问题的关键，后重新做过桥，从此再无问题发生。

案例分析：此案与上案原理一样，但形式不同，上案是没有预留足够的伸缩空间，而本案墙体边伸缩缝是够了，但由于统铺房间与房间之间全部连接在一起，宽度方向已经远远超过。标准要求跨度超过5m就要做过桥，同时在门口等复杂的区域，即容易造成局部顶着墙体而出现起拱的地方做压条。这就要求我们在安装施工时，不能只为了美观而进行大面积统铺，这样就会违反标准操作流程，同时在施工前就要向消费者解释原因，因为消费者不是专业人员，也需要知情权。

案例四：地采暖用实木地板响声

绍兴的孔先生于 2014 年 7 月在建材城购买了番龙眼地采暖用实木地板，规格为 900mm×118mm×17mm。铺设后，孔先生对地板整体效果很满意，但在铺装后就出现了问题，当人在地板上走路时，地板多个地方发出咯吱响声。孔先生立即打电话给经销商，经销商前去检查问题，结果也没查出什么问题。最后地板公司总部派技术人员去现场查出了问题，一是地面没有做自流平，达不到铺设要求；二是地板放在经销商仓库已经几个月，地板有点顺弯。解决方案是重新做自流平重铺，同时将顺弯地板严重的挑出来锯头或用到床底下等区域。

案例分析：木材是天然材料，地板偶尔有响声属于正常现象，但是孔先生家的地板多处产生响声，必须得到重视与解决。响声产生的主要原因是地板与地板上下之间的摩擦，如果地面平整度小于 3mm/2m，同时每片地板紧贴着地面，踩下去是实的，无空心存在，肯定是不会产生响声的。如果地面不处理，直接铺设，踩下去有点空心，临近的地板互相摩擦，就会立马产生响声。还有一种情况是地板本身有顺弯，有的顺弯还比较大，这些地板即使铺到达标的地面上，也会产生响声，原理是一样的，地板与地面无法紧贴。因此，在实际操作过程中，处理地面，做自流平，达到平整度小于 3mm/2m 的要求；检查铺设的地板是否有顺弯，（顺弯的指标：长度方向 1% 的范围内不属于质量问题），所有顺弯的地板也是可以使用的，只是不要把顺弯的地板用于主过道、客厅等位置，而用在锯头、床下或角落等人不经常走动的地方，这样既能在日常使用中控制响声，又节约了木材资源。

案例五：维护使用不当导致地采暖用实木地板间缝隙变大

辽宁抚顺新抚区的郑女士 2014 年夏季购置了 50m² 的锁扣地采暖用实木地板，虽然冬天北方地区都有暖气，但郑女士总觉得室内上方温度高，下方温度低，铺上地采暖用实木地板后整个屋子都会很暖和。地板铺装后短时间内没有出现任何问题，直到冬季开始供暖一段时间后，房间里产生大小不等的缝隙。郑女士觉得是地采暖用实木地板质量问题引起的，打电话给经销商要求维修补偿。

案例分析：专家到现场后发现缝隙变大处的地采暖用实木地板上方放有又多又重的家具。地板被家具压住，地板的干缩应力将地板的锁扣拉断，又因为夏季空气比较潮湿，湿度一般达到 80% 以上，冬季供暖期空气比较干燥，湿度一般会低于 40%，屋内又没有加湿器等设备，突破了地板所承受的极值，最终造成房间里产生大小不等的缝隙。实木地板缝隙变大的问题属于郑女士维护使用不当引起的，维修方案为地板全部拆除后原板重铺。专家建议地采暖用实木地板宽度方向的两边不要放置重、大的家具，因为两边都压死后地板无法通过锁扣的拉力拉动地板，最终会造成锁扣断裂；并且冬季采暖或干燥的季节使用加湿器加湿，夏季雨季用抽湿机或空调抽湿，控制使用环境的湿度长期保持在50%～70%。实验表明：实木地板的收缩应力一般可以达到 3 万～5 万 N 的拉力，就目前的加工工艺及科技水平，锁扣地板 1m 长度内的拉力最大的极值是5kN，两者力量对比悬殊。所以用户觉得使用锁扣后就一劳永逸的想法是不对的，关键还是平时空气温湿度的控制，就如同汽车虽然安装了防撞钢梁，也不可以随便碰撞致使汽车损坏。

附录　地采暖用实木地板效果展示

深色地板效果展示

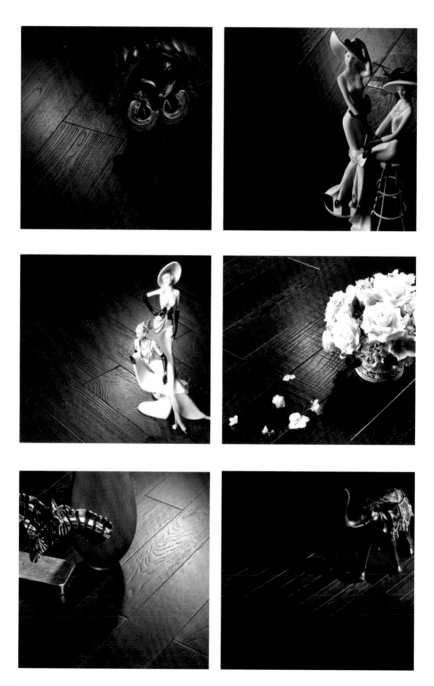

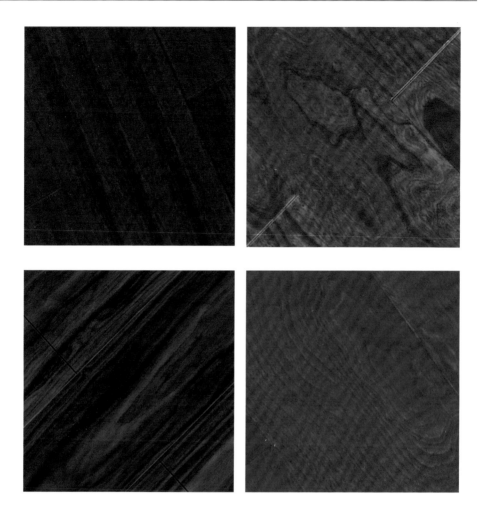

浅色地板效果展示

欧式风格地板效果展示

美式风格地板效果展示

中式风格地板效果展示

参考文献

[1] 李坚. 木材科学研究 [M]. 北京：科学出版社, 2009.

[2] 成俊卿. 木材学 [M]. 北京：中国林业出版社, 1985.

[3] 刘一星, 赵广杰. 木材学 [M]. 北京：中国林业出版社, 2012.

[4] 张方达. 七种酸枝类木材的红外光谱与二维相关红外光谱研究 [D]. 中国林业科学研究院, 2014.

[5] 孙素琴, 周群, 陈建波. 中药红外光谱分析与鉴定 [M]. 北京：化学工业出版社, 2010.

[6] 孙素琴, 周群, 陈建波. ATC09 红外光谱分析技术 [M]. 北京：中国质检出版社, 中国标准出版社, 2010.

[7] 王满, 叶克林, 姜笑梅, 等. 常用实木鉴别手册 [M]. 北京, 中国林业出版社, 2010.

[8] GB/T 18513—2001, 中国主要进口木材名称 [S].

[9] GB/T 16734—1997, 中国主要木材名称. 北京：中国标准出版社, 2004.

[10] 王传贵, 蔡家斌. 木质地板生产工艺学 [M]. 北京：中国林业出版社, 2014.

[11] 尹满新. 木地板生产技术 [M]. 北京：中国林业出版社, 2014.

[12] 高振忠. 木质地板生产与使用 [M]. 北京：化学工业出版社, 2004.

[13] 涂登云, 顾梓生, 倪月忠. 地板制作工艺 [M]. 北京：化学工业出版社, 2010.

[14] 高建民. 木材干燥学 [M]. 北京：科学出版社, 2008.

[15] 刘彬. 超高温热处理对柞木地板尺寸稳定性的影响 [J]. 广东林业科技, 2015, 31 (4): 75-78.

[16] 石雷, 孟莎. 地板采暖在住宅用房中的应用 [J]. 建筑节能, 2011, 39 (2): 10-12.

[17] 黎天标, 秦红. 地板辐射采暖系统的研究进展 [J]. 建筑节能, 2016, 44 (4): 15-18, 40.

[18] 汤梓翀. 浅谈地板供暖技术 [J]. 企业导报, 2016 (10): 62.

[19] 杨晓明, 吴杲, 等. 我国低温热水地板辐射采暖系统的现状与发展 [J]. 郑州轻工业学院学报：自然科学版, 2006, 21 (4): 54-57.

[20] 李萌. 我国低温热水地板辐射采暖系统的现状与发展 [J]. 林业科技情报, 2009, 41 (2): 72-73.

[21] 陈利军. 地板采暖系统的现状与发展前景 [J]. 无锡职业技术学院学报, 2010 (3): 83-84.

[22] 孟祥刚. 中国木地板产业发展战略研究 [D]. 北京林业大学, 2006.

[23] 何金存, 张妍, 等. 地采暖用木质地板尺寸稳定性研究进展 [J]. 安徽农业科学, 2016, 44 (3): 200-201, 215.

[24] 沈斌华, 姜俊, 等. 我国地采暖用木质地板现状 [J]. 中国人造板, 2012, 19 (11): 5-8.

［25］王艳伟，孙伟圣，等．地采暖用实木地板的研究进展［J］．林业机械与木工设备，2013，41（6）：8-10.

［26］杨小军．木地板尺寸稳定化热处理的研究［J］．西部林业科学，2004，33（2）：81-83.

［27］木质地板铺装工程技术工程编写组．木质地板铺装实用手册［M］．北京：中国建筑工业出版社，2006.

［28］王艳伟，孙伟圣，等．木材干燥技术研究进展［J］．林业机械与木工设备，2014，42（10）：9-13.

［29］谢拥群，张璧光．我国木材干燥技术与动态研究［J］．干燥技术与设备，2009，7（4）：147-152.

［30］涂登云，王明俊，等．超高温热处理对水曲柳板材尺寸稳定性的影响［J］．南京林业大学学报，2010，34（3）：113-116.

［31］Wang J Y，Cooper P A. Effect of oil type，temperature and time on moisture properties of hot oil-treated wood［J］．Holzforschung，2005，63：417-422.

［32］Korkut D S，KORKUT S，et al. The effects of heat treatment on the physical properties and surface roughness of Turkish Hazel（Corylus coluna L.）wood［J］．International Journal of Molecular Sciences，2008，9：1772-1783.

［33］涂登云，王海田，等．实木地板坯料养生技术的研究［J］．人造板通讯，2005，12（10）：13-15.

［34］周永东，鲍勇泽，等．平衡处理对实木地板坯料质量的影响［J］．木材工业，2015，29（5）：34-36.

［35］李建章，周文瑞，屈永军，等．国外木材乙酰化研究及应用进展［J］．研究与开发，2002，4：9-10.

［36］郭洪武，刘毅，付展，等．乙酰化处理对樟子松木材耐光性和热稳定性的影响［J］．林业科学，2015，51（6）：135-138，140.

［37］柴宇博，刘君良，吕文华．乙酰化杨木的热压缩工艺与性能分析［J］．木材工业，2017，31（1）：15-18.

［38］章卫钢，鲍滨福，刘君良，等．我国人工林杉木密实化的研究进展［J］．木材工业，2009，23（2）：34-36.

［39］王艳伟，黄荣凤．木材密实化的研究进展［J］．林业机械与木工设备，2011，39（8）：13-16.

［40］WB/T 1030—2006，木地板铺设技术与质量检测．北京：中国标准出版社，2006.

［41］GB/T 35913—2018，地采暖用实木地板技术要求［S］．

［42］GB/T 20238—2018，木质地板铺装、验收与使用规范［S］．

［43］GB/T 15036.1—2009，实木地板 第1部分 技术要求［S］．

［44］GB/T5036.2—2009，实木地板 第2部分 检验方法［S］．

［45］史蔷，吕建雄，鲍甫成，等．热处理木材性质变化规律及变化机理研究［J］．林业机械与木工设备，2011，39（3）：24-28.

［46］高志强，郭飞，吕建雄，等．热处理对马尾松木材漆膜附着力的影响［J］．林业机械与

木工设备，2016，44（1）：29-32.

[47] 史蕾，鲍甫成，吕建雄，等．热处理对圆盘豆木材尺寸稳定性的影响［J］．中南林业科技大学学报，2011，31（7）：20-23.

[48] 方向正，罗俊其，彭子荣．一种阶梯式锁扣木地板［P］．中国：CN 204435747 U，2015.

[49] 何天相．木材解剖学［M］．广州：中山大学出版社，1994.

[50] 陈国符，邬义明．植物纤维化学［M］．北京：轻工业出版社，1980.

[51] 李坚，等．木材科学［M］．2版．北京：高等教育出版社，2002.

[52] 成俊卿，等．中国热带及亚热带树木识别、材性和利用［M］．北京：科学出版社，1980.

[53] 刘一星．木质材料环境学［M］．北京：中国林业出版社，2008.

[54] 李坚，赵荣军．木材环境与人类［M］．哈尔滨：东北林业大学出版社，2002.

[55] 郭洪武，李黎，刘毅，等．木地板的加工铺装与环境设计［M］．中国水利水电出版社，2013.

[56] 蒋松林，吕斌，罗正洪，等．实木地板铺装常见问题及处理措施［J］．2006，20（6）：44-45.

[57] 王玉荣，吕斌，任海青，等．实木地板资源利用与铺装方式探讨［J］．2012，26（2）：34-36.

[58] 杨家驹，杨帆，木材的胀缩［J］．中国木材，2001（5）：20-23.

[59] 张仲风，彭万喜．木质装饰材料干缩湿胀对家具拼口的影响［J］．家具与室内装修，2006（5）：70-71.

[60] 汪进，李文忠，等．实木地热地板尺寸稳定性试验分析［J］．木材科技，2016（4）：29-31.

[61] 王玉荣，任海青．3种实木地板材主要物理力学性质比较研究［J］．安徽农业大学学报，2012，39（6）：894-898.

[62] 陆步云，罗真付，等．香脂木豆木材物理力学性质的研究［J］．中国木材，2008（4）：20-23.

[63] 黄卫国，黄欣．柚木木材的研究［J］．中国木材，2009（4）：19-21.

[64] 李贤军，张璧光，等．木材干燥预热时间初探［J］．东北林业大学学报，2004，26（2）：90-93.

[65] 杜国兴，蔡家斌，等．栓皮栎地板材的干燥工艺研究［J］．木材工业，2001，15（6）：12-13.

[66] 张斌，郭明辉，等．木材干燥变色的研究现状及其发展趋势［J］．森林工程，2007，23（1）：37-39.

[67] 吕蕾，周亚菲，等．预热时间对柞木干燥质量的影响［J］．林业机械与木工设备，2014，7（7）：40-42.

[68] 孙晓敏．35mm厚柞木板材常规干燥预热及中间处理的研究［D］．东北林业大学，2016.

[69] 董明光，李军伟，等．番龙眼毛坯地板干燥工艺基准和十燥工艺实施［J］．林业机械与木工设备，2014，42（1）：48-51.

[70] 周永东，鲍咏泽，等．番龙眼实木地板坯料的生产干燥工艺［J］．2016，30（1）：42-45.

[71] 董明光，李军伟．25mm厚番龙眼地板毛坯低温低湿干燥工艺探讨［J］．林业科技，2013（1）：42-43.

[72] 周永东．实木地板坯料加工技术现状及趋势分析［J］．木材工业，2014，28（5）：28-31.

[73] 杨小军．热处理对实木地板尺寸稳定性影响的研究［J］．木材加工机械，2004，6：18-20.

[74] 陈楠．优质地板选购技巧［J］．农业知识：百姓新生活，2016（12）：48-49.

[75] 董兵．室内木地板选购装饰指南［M］．中国林业出版社，2005.

[76] 祝新年，马丽，唐涛．买地板的3大好去处［J］．建材与装修情报，2007（3）：118-120.

[77] 国家林业局知识产权研究中心．木地板锁扣技术与地采暖用木地板技术专利分析报告［M］．北京：中国林业出版社，2015.

[78] 国家林业局知识产权研究中心．木地板锁扣技术专利分析报告［M］．北京：中国林业出版社，2012.

[79] 李贤军．木材微波真空干燥特性及其热质迁移机理［M］．北京：中国环境科学出版社，2009.

[80] 杨培，朱新华．微波技术在木材干燥中的研究进展［J］．林产工业，2015（6）：5-9.

[81] 赵海英．微波加热在木材加工中的应用［J］．科技与企业，2014（13）：375.

[82] 王永周，陈美，邓维用．我国微波干燥技术应用研究进展［J］．干燥技术与设备，2008，6（5）：219-224.

[83] 崔伟，顾卫忠，高贵林，等．一种木材乙酰化处理设备［P］．中国：CN 203092692 U，2015.

[84] GB/T 6739—2006，色漆和清漆 铅笔法测定漆膜硬度［S］.

[85] GB/T 4893.4—85，家具表面漆膜附着力交叉切割测定法［S］.

[86] GB/T 17657—2013，人造板及饰面人造板理化性能试验方法［S］.